Tafeln
für die Differenzenrechnung sowie für die Hyperbel-, Besselschen, elliptischen und anderen Funktionen

von

Keiichi Hayashi

Professor an der Kaiserlichen Kyushu-Universität

Springer-Verlag Berlin Heidelberg GmbH 1933

ISBN 978-3-662-35479-7   ISBN 978-3-662-36307-2 (eBook)
DOI 10.1007/978-3-662-36307-2

Vorwort.

Die Tafeln für die Differenzenrechnung, die in Tafel I vorgelegt sind, lassen sich dadurch aufstellen, daß man bei der Funktion, von der man für eine Reihe von den mit gleichem Intervall fortlaufenden Argumentwerten $x \pm n\,h$ die Entwicklungen nach dem Taylorschen Satze zu bilden hat, sukzessiv die Differenzen berechnet. Sie hatten eigentlich den besonderen Zweck, meinem eigenen Bedürfnis zu genügen, das mir bei der Herstellung von mathematischen Tafeln seit ungefähr zehn Jahren wiederholt ankam. Seitdem sind sie von mir, einmal in der Gestalt von Formeln und ein andermal in der von Tafeln, die gerade die Form der vorgelegten hatten, in Druck gegeben [1]. Jedesmal mußte ich aber mich dabei bis zu einem gewissen Grade zurückhalten, die Sache nicht zu sehr ins Große zu treiben; ich schwebte damals in Ungewißheit, ob es noch keine ähnlichen Tafeln gäbe, denn die Grundidee des vorgeführten Verfahrens ist leicht zu fassen, die Tafel die nach ihr herzustellen ist, läßt eine große Anwendbarkeit vermuten. Diese sollte doch schon seit langem den Anlaß zur Entstehung irgendwelcher Tafeln gegeben haben, nur daß ich eine solche nicht ausfindig machen konnte. Aus dem Grunde aber komme ich nun auf den Gedanken, die Tafeln aufs neue, und zwar in ihrer vorläufig vollständigen Form zu veröffentlichen, weil die Anwendung von Differenzenrechnung in neuerer Zeit in den mathematischen sowie technischen Wissenschaften immer mehr zur Blüte gelangt und sich die Tafeln also, in eine zugängliche Form gebracht, kaum als überflüssig, vielmehr als ein nützlicher Beitrag in der Weiterentwicklung der Wissenschaft erweisen dürften. Die Formeln der höheren Differentialquotienten von einigen Funktionen, die beim Gebrauche der Tafeln das dauernde Nachschlagen in den Lehrbüchern ersparen sollen, sind noch beigefügt.

Ich benutze noch die Gelegenheit, darauf aufmerksam zu machen, daß sich der Grundgedanke, die Tafel der obenerwähnten Art auf diese Weise herzustellen, noch auf den Fall ausdehnen läßt, daß die Funktion nach anderen Gesetzen als dem Taylorschen entwickelbar ist. Zum Beispiel lautet bei der Besselschen Funktion $J_0(x)$ die Additionsformel:

$$J_0(x \pm n\,h) = J_0(x)\,J_0(n\,h) + 2\,[J_2(x)\,J_2(n\,h) + J_4(x)\,J_4(n\,h) + \cdots] \mp 2\,[J_1(x)\,J_1(n\,h) + J_3(x)\,J_3(n\,h) + \cdots],$$

eine Reihe mit den Gliedern von $J_0(x)$, $J_1(x)$, $\cdots$, die bzw. mit den Koeffizienten $J_0(n\,h)$, $\mp\,2\,J_1(n\,x)$, $\cdots$ versehen sind. Die Werte der einzelnen Koeffizienten berechnet man der Reihe nach, wenn n in einer Folge die Werte 0, 1, 2, $\cdots$ annimmt. h nimmt den Umständen gemäß immer am zweckmäßigsten einen Wert aus 1, 0,1, 0,01, $\cdots$ an. Von jeder Gruppe der so gewonnenen Werte der Koeffizienten gestaltet man sukzessiv die Differenzen verschiedener Ordnungen. Auf diese Weise ist man leicht in der Lage, von solchen Werten der Differenzen die endgültigen Tafeln für die Berechnung der sukzessiven Werte von $J_0(x \pm n\,h)$ aufzustellen (vgl. Tafel II).

Die Funktionen $e^{\pi x}$, $e^{-\pi x}$, $\mathfrak{Sin}\,\pi\,x$, $\mathfrak{Cof}\,\pi\,x$, deren Werte für jedes 0,1 von x bereits in meinen früheren Büchern gebracht sind, sind in Tafel III für kleinere Intervalle tabuliert.

Die Werte der elliptischen Normalintegrale E, E' zweiter Gattung, die parallel mit K, K' schon in meinem vorigen Werke, den Tafeln der Besselschen Funktionen, angegeben werden mußten, und die ich infolge unvermeidlicher Umstände unberücksichtigt gelassen habe, liefert Tafel IV für jedes 0,001 von k^2 auf der zehnten Dezimalstelle.

Die Besselschen Funktionen $Y_0(x)$, $Y_1(x)$ sind von Watson [2] von $x = 0{,}00$ bis 16,00 für jedes 0,02 von Argument ermittelt. Für weitere Argumentwerte, nämlich für 16,00 bis 25,51 sind sie in Tafel V dargestellt. Der Vollständigkeit halber sind die Funktionen $J_0(x)$, $J_1(x)$ für 25,00 bis 25,51 nebenbei angegeben.

---

[1] Hayashi: Sieben- und mehrstellige Tafeln, 1926, S. 275; Die Tafeln der Besselschen Funktionen, 1930, S. 116.

[2] Watson, G. N.: Theory of Bessel functions. Cambridge 1922.

IV

Die Werte $Y_0'(x)$, $Y_0''(x)$, $\cdots$, $Y_0^{XII'}(x)$ für $x = 16, 17, \cdots, 25$ und $Y_n(16)$, $Y_n(17)$, $\cdots$, $Y_n(25)$ für $n = 0, 1, 2, \cdots, 30$, die bei der Herstellung der Tafel von $Y_0(x)$, $Y_1(x)$ als Hilfswerte bestimmt wurden, zeigen Tafel VI bzw. Tafel VII. Tafel VIII von $J_0(x) - J_2(x)$, $J_2(x) - J_4(x)$, $\cdots$; $J_1(x)$, $J_1(x) - J_3(x)$, $\cdots$ für $x = 1, 2, 3, 4, 5$ findet man bei der Feststellung von $J_1(x \pm h)$ nützlich. [Tafeln der Besselschen Funktionen, S. 115 (17).]

Tafel X von den Potenzen x^{11}, x^{12} bereichert Tafel XIII in meinem Buch, Sieben- und mehrstellige Tafeln, mit zwei Reihen von weiteren Werten, während Tafel IX der Potenzen x^4, x^5, die sich auf alle zwei- und dreiziffrigen natürlichen Zahlen von x erstrecken, sicher einen neuen Beitrag zum heutigen Stand mathematischer Tafeln liefern dürfte.

Zum Schluß richte ich an die Benutzer wie immer die Bitte, mich auf Fehler und Mängel, die sie entdecken, aufmerksam zu machen.

Fukuoka, im Oktober 1932.

K. Hayashi.

Inhaltsverzeichnis.

Tafel I.

Tafeln für die Differenzenrechnung.

Vorbemerkungen.

1. Ein Teil der vorliegenden Tafeln und ihre ausführliche Beschreibung befinden sich bereits in des Verfassers Werke: Tafeln der Besselschen Funktionen, 1930, S. 60 u. 116. Im folgenden wollen wir uns also mit ihrer kurzen Erklärung sowie der Anweisung zum Gebrauche befassen.

Wenn bei der Funktion $f(x)$ ihr Wert sowie die der sukzessiven Ableitungen $f'(x)$, $f''(x)$, $\cdots$ ermittelt sind, lassen sich die Funktionswerte für $x \pm nh$, wobei $n = 1, 2, \cdots$ ist, nach dem Taylorschen Satze:

$$(1) \qquad f(x \pm nh) = f(x) \pm \frac{nh}{1!} f'(x) + \frac{n^2 h^2}{2!} f''(x) \pm \cdots$$

berechnen, während sich die Differenzen m-ter Ordnung (vgl. das Differenzenschema, S. 4) analog nach der Formel ähnlicher Gestalt:

$$(2) \qquad \Delta^m_{x \pm nh} = \frac{[\cdots] h^m}{m!} f^m(x) \pm \frac{[\cdots] h^{m+1}}{(m+1)!} f^{m+1}(x) + - \cdots$$

bestimmen lassen. Die Entwicklung fängt in (2) mit dem Glied von $h^m f^m(x)$ an. Die Koeffizienten in den eckigen Klammern stellen darin die bei gegebener Ordnung m von n abhängigen Zahlen dar. Zu bemerken ist, daß die Zahl für das erste Glied immer gleich $m!$, also der Koeffizient von $h^m f^m(x)$ in (2) beständig gleich eins ist.

In den vorliegenden Tafeln sind unter A die Werte der Zahlen $[\cdots]$, $\cdots$ für die Ordnungszahlen $m = 1, 2, \cdots, 12$ angegeben, während die Zahl n, die die Argumentstufe anzeigt, bis auf mehr als ± 50 ausgedehnt ist.

2. Mit Hilfe der Tafeln vermag man wohl für eine Reihe von den mit gleichem Intervall h fortlaufenden Argumentwerten, wenn die Funktion sowie ihre sukzessiven Ableitungen für einen besonderen Wert von der Reihe bekannt sind, jedes Glied des Differenzenschemas **unabhängig voneinander** berechnen. Auf diese Weise leisten die Tafeln bei der Herstellung der mathematischen Tafeln, wie die anderen ähnlicher Art, hervorragende Dienste.

Überdies ist es möglich, mittels der Tafeln A, in denen n bis auf ± 50 erweitert ist, die Funktionswerte zwischen zwei benachbarten Argumentswerten (z. B. $x = 23$ und 24), für welche die Werte der Funktion sowie der sukzessiven Ableitungen bis auf hinreichende Dezimalstellen angegeben sind, für **jedes Hundertstel von der letzten Einheit** des betreffenden Arguments (d. h. für jedes $0,01$ von x) einzuschalten. Die Richtigkeit des Ergebnisses findet dabei an der Stelle $n = \pm 50$ eine Kontrolle, denn die Rechnung schreitet vom oberen Argumentwert nach unten und vom unteren nach oben fort. Wenn gewünscht, kann man von den Differenzen noch für irgendwelche passende Zwischenwerte des Arguments (z. B. von $x = 23$ für $23{,}10$, $23{,}20$, $\cdots$, $23{,}40$; von $x = 24$ für $23{,}90$, $23{,}80$, $\cdots$, $23{,}60$) im voraus die erforderlichen Werte berechnen. Diese Werte ermöglichen die Kontrolle für geringere Anzahl von Argumentwerten. Zu diesem Zwecke betrachte man am vorteilhaftesten die Tafeln B und C.

Die Tafeln unter B stellen die Werte der Koeffizienten $\frac{[\cdots]}{m!}$, $\frac{[\cdots]}{(m+1)!}$, $\cdots$ für einige Gruppen von $\Delta\ldots$, $\Delta^2\ldots$, $\ldots$, $\Delta^{12}\ldots$ dar. Die Gruppen sind so gebildet, daß sich die im Schema mit geradem m versehenen Differenzen, in den waagerechten Zeilen, die zu den Argumentwerten x, $x \pm 10 h$, $x \pm 20 h$, $x \pm 30 h$, $x \pm 40 h$, $x \pm 50 h$ gehören und die mit ungeradem m, je nachdem Vorzeichen der Koeffizienten von h, völlig auf einer der solche Zeilen begrenzenden Linien befinden. Die Tafeln unter C geben für den besonderen Wert $h = 0{,}01$ die Werte der Koeffizienten $\frac{[\cdots]}{m!} h^m$, $\frac{[\cdots]}{(m+1)!} h^{m+1}$, $\cdots$ in den Entwicklungen der Differenzengruppen, von denen soeben die Rede war.

Zum Beispiel soll zwischen $x = 23 - 24$ die Funktion $Y_0(x)$ für jedes $0{,}01$ von x eingeschaltet werden. Wir berechnen zuerst für einige Zwischenwerten des Arguments die Differenzen verschiedener Ordnungen. Man hat [vgl. Tafeln V, VI]:

	für $x = 23$	für $x = 24$
$Y_0(x) =$	$- 0{,}03598\ 179 \cdots$	$- 0{,}15283\ 402 \cdots$
$Y_0'(x) =$	$- 0{,}16166\ 920 \cdots$	$- 0{,}05305\ 977 \cdots$
$Y_0''(x) =$	$+ 0{,}04341\ 088 \cdots$	$+ 0{,}15504\ 485 \cdots$

Es ist $h = 0{,}01$. Mit Hilfe von Tafeln unter A berechnet man für $x = 23{,}50$ einmal von $x = 23$ nach unten, das andermal von $x = 24$ nach oben. Für eine zweierlei bezeichnete Differenz zweiter Ordnung ergibt sich [s. S. 8—9]:

$$\Delta^2_{23+49h,\ 24-51h} = h^2\, Y_0''(x) \pm \frac{300\, h^3\, Y_0'''(x)}{3!} + \frac{30002\, h^4\, Y_0^{IV}(x)}{4!} \pm \cdots {}^1$$

$$= \begin{cases} + 0{,}00001\quad 13461\quad 86 \cdots \\ + 0{,}00001\quad 13461\quad 86 \cdots \end{cases}$$

Für zwei aufeinanderfolgende Differenzen dritter Ordnungen erhält man [s. S. 10—11]:

$$\Delta^3_{23+49h,\ 24-52h} = h^3\, Y_0'''(x) \pm \frac{1212\, h^4\, Y_0^{IV}(x)}{4!} + \frac{1\,53030\, h^5\, Y_0^{V}(x)}{5!} \pm \cdots {}^1$$

Die Rechnung gibt:

$$\Delta^3_{24-52h} = + 0{,}0^5\quad 01171\quad 91 \cdots$$
$$\Delta^3_{23+49h} = + 0{,}0^5\quad 01160\quad 12 \cdots \qquad - 0{,}0^5\quad 00011\quad 79 \cdots$$

Die Werte von Δ^2_{24-51h}, Δ^2_{23+49h} miteinander und die Differenz $- 0{,}0^5\ 00011\ 79 \cdots$ zwischen den berechneten Δ^3_{23+49h}, Δ^3_{24-52h} mit $\Delta^4_{23+48h} = - 0{,}0^5\ 00011\ 79 \cdots$, das man nach der Formel unter C S. 24 unmittelbar bestimmt, finden eine genaue Übereinstimmung. Für weiteres vergleiche man des Verfassers Tafeln der Besselschen Funktionen, 1930, S. 119.

3. Es ist noch darauf hinzuweisen, daß, wie aus dem Bildungsgesetze der Differenzen hervorgeht, die den sukzessiven Werten von n entsprechenden Koeffizienten $[\cdots]$ von $\dfrac{h^{m+i}\, f^{m+i}(x)}{(m+i)!}$ in (2), d. h. in der dem $\Delta^m_{x \pm nh}$ zugehörigen Tafel unter A die Zahlen der $(i+1)$-ten Kolonne, abgesehen vom Vorzeichen, immer die m-ten Differenzen in der Tafel der Potenz n^{m+i} liefern. Also stellen beispielsweise die Reihen der Zahlen 1 91520, 3 32640, 5 14080, $\cdots$ in der dritten Kolonne auf S. 16 der Reihe nach die Werte der sechsten Differenzen in der Tafel der Potenz n^8 dar. Eine solche Tafel von n^8 findet man in des Verfassers Werke, Sieben- und mehrstellige Tafeln, 1926, S. 267.

4. Schließlich heben wir noch hervor, daß die Tafeln auch dann brauchbar sind, wenn man, falls irgendwelche Werte von $f(x)$ für eine Folge der Argumentwerte $x \pm n h$ gegeben sind, daraus die sukzessiven Ableitungen von $f(x)$ für einen besonderen Wert von x ermitteln will. Die Argumentwerte dehnen sich dabei auf einer hinlänglichen Strecke der Abszissenachse von x aus, während die Werte von $f(x)$ seinerseits bei den transzendenten Funktionen bis auf hinreichende Dezimalstellen angegeben sind. Aus solchen Werten von $f(x)$ berechnet man schrittweise die Differenzen verschiedener Ordnungen. Mit Hilfe der so gewonnenen Differenzen kann man nach (2) ein System von voneinander unabhängigen Gleichungen für eine Anzahl von Unbekannten $f'(x)$, $f''(x)$, $\cdots$ aufstellen, während man gewöhnlich sie vorwiegend beim Interpolieren der Funktionswerte in Anwendung bringt. Die in den Gleichungen einzugehenden Faktoren entnimmt man aus den Tafeln I.

Die sukzessiven Ableitungen für einen besonderen Wert des Arguments festzustellen bildet bei der Herstellung der mathematischen Tafeln manchmal eine der wichtigsten Aufgaben. Mittels der Ableitungen, was bei einigen Fällen, z. B. bei den Besselschen Funktionen $J_0(x)$ mit anderen von den Ableitungen herrührenden Ausdrücken $J_1(x)$, $J_2(x)$, $\cdots$ ersetzt sind, können die Additionsformeln erst in Anwendung gebracht werden. Die Werte von $f(x)$, die solchem Zweck entsprechen, festzustellen, läuft also daraus

---

[1] Selbstverständlich läßt sich die Rechnung nach den Formeln unter C (S. 24) bequemer durchführen.

hinaus, die Funktion für eine gewisse Strecke von x zahlenmäßig zu bestimmen oder nach dem mathematischen Ausdrucke, sich längs der Strecke analytisch fortsetzen zu lassen. Diese Strecke läßt sich mit Inbegriff der oben angedeuteten, nämlich von $x \pm n\,h$, nach beiden Seiten ausdehnen. Je mehr die Ableitungen an einer besonderen Stelle von x auf die erwähnte Weise bestimmt sind, desto weiter läßt sich die Fortsetzung von der betreffenden Stelle von x auf der Abszissenachse ausdehnen. Handelt es sich darum, solche Werte von $f(x)$ zu ermitteln, was sich am Ende um die Fertigstellung der Funktionstafel selbst dreht, so ist es im allgemeinen, besonders bei steigendem n keineswegs leicht auszuführen, denn die Formeln, nach denen die Werte berechnet werden, sind meistens in der Gestalt von unendlichen Potenzreihen dargestellt. Bei manchen Fällen arbeitet man sich eventuell das passende Verfahren heraus, nach dem die erforderlichen Ableitungen unmittelbar bestimmt sind.

Die Anzahl der Ableitungen, die als Unbekannte in die Gleichungen eingehen, hängt in einem gegebenen Fall einerseits von der Anzahl von n, andererseits von der Genauigkeit der angegebenen Werte von $f(x)$ ab. Von der Argumentstufe h ist sie unabhängig. Solange ausschließlich auf die Bestimmung der Ableitungen Rücksicht genommen ist, kann also h beliebig gewählt werden. Damit immer dieselbe Genauigkeit des Ergebnisses angestrebt sei, müssen die Werte von $f(x)$ bei abnehmendem h selbstverständlich bis auf immer höhere Dezimalstellen angegeben werden. Von den mathematischen Tafeln, die für eine endliche Strecke von x aufgestellt sind, haben wir nun zwei Arten zu betrachten. In der einen sind sowohl die Strecke von x als auch die Argumentstufe h kleiner als in der anderen, während die Ziffern in der vorderen bis auf höhere Dezimalstellen angegeben sind. Aus dem oben Gesagten geht hervor, daß, insofern von der analytischen Fortsetzung der Funktionswerte die Rede ist, beiden Arten manchmal die gleichen Dienste leisten [vgl. die nebenstehenden zwei Täfelchen].

<table>
<tr><td>

x	$J_0(x)$
0,060	0,99910 02024 79751 139
1	06 99663 18905 651
2	03 92308 55598 601
.	.
.	.
.	.
0,070	0,99877 53751 05190 975

</td><td>

x	$J_0(x)$
0,06	0,99910 020
7	877 538
8	840 064
.	.
.	.
.	.
0,15	438 291

</td></tr>
</table>

Wenn man übrigens die Argumentenanzahl n und gleichzeitig die Dezimalstellen der Funktionswerte immer weiter fortsetzen läßt, können die Ableitungen der Funktion bis auf unbeschränkt höhere Ordnungen ermittelt werden. Hätte man also den Verlauf von einer Funktion für alle Werten auf irgendeiner Strecke von x, wie klein auch immer die Strecke sein mag, vollständig festgestellt, so würde man daraus die Funktion für die ganze Strecke von x darstellen können.

Das Differenzenschema.

Es sei darauf aufmerksam gemacht, daß das vorgelegte von einer gebräuchlichen Symbolik ist [1]. Um das Argument $x \pm 0$ als Mitte gruppiert sich das Schema:

$x \mp 2h$	$f(x-2h)$			Δ^3_{x-3h}
$x - h$	$f(x-h)$	Δ_{x-h}	Δ^2_{x-2h}	Δ^3_{x-2h}
x	$f(x)$		Δ^2_{x-h}	Δ^3_{x-h}
$x + h$	$f(x+h)$	Δ_x	Δ^2_x	Δ^3_x
$x + 2h$	$f(x+2h)$	Δ_{x+h}	Δ^2_{x+h}	Δ^3_{x+h}
.				
.				
.				
$x + nh$	$f(x+nh)$	Δ_{x+nh}	Δ^2_{x+nh}	Δ^3_{x+nh}

Auf der gegenüberstehenden Tafel sind die Zahlenwerte von n in den Bezeichnungen $\Delta^m_{x\pm nh}$ an den ihnen zugehörigen Stellen angegeben.

	$h\,f$	$+\,h^3\,f'''$	$+\,h^5\,f^{\mathrm{V}}$	$+\,h^7\,f^{\mathrm{VII}}$	$+\,h^9\,f^{\mathrm{IX}}$	$+\,h^{11}\,f^{\mathrm{XI}}$	$+\,\cdots$
$\Delta^1_{x+30h,\,x-31h}$	1	465,1666 $\cdots$	36076,25833 $\cdots$	11 19566,29186 5 $\cdots$	186 19439,37574 $\cdots$	1927 45332,70214 $\cdots$	$\cdots$
$\Delta^3_{x+29h,\,x-32h}$		1	465,25	36155,025	11 22573,93735 $\cdots$	187 12836,80163 $\cdots$	$\cdots$
$\Delta^5_{x+28h,\,x-33h}$			1	465,333 $\cdots$	36153,79861 $\cdots$	11 25584,81673 $\cdots$	$\cdots$
$\Delta^7_{x+27h,\,x-34h}$				1	465,41666 $\cdots$	36192,57916 $\cdots$	$\cdots$
$\Delta^9_{x+26h,\,x-35h}$					1	465,5	$\cdots$
$\Delta^{11}_{x+25h,\,x-36h}$						1	$\cdots$
$\Delta^{13}_{x+24h,\,x-37h}$							$1+\cdots$

	$h^2\,f''$	$+\,h^4\,f^{\mathrm{IV}}$	$+\,h^6\,f^{\mathrm{VI}}$	$+\,h^8\,f^{\mathrm{VIII}}$	$+\,h^{10}\,f^{\mathrm{X}}$	$+\,h^{12}\,f^{\mathrm{XII}}$	$+\,\cdots$
$\pm$	30,5	4730,04166 6 $\cdots$	2 20144,00138 $\cdots$	48 80730,09526 $\cdots$	631 44369,20767 $\cdots$	5349 07991,51516 $\cdots$	$\cdots$
		30,5	4732,58333 $\cdots$	2 20538,25625	48 99088,56922 $\cdots$	635 51708,46136 $\cdots$	$\cdots$
			30,5	4735,125	2 20932,72291 $\cdots$	49 17479,90482 $\cdots$	$\cdots$
				30,5	4737,66666 $\cdots$	2 21327,40138 $\cdots$	$\cdots$
					30,5	4740,20833 $\cdots$	$\cdots$
						30,5	$30,5+\cdots$

---

[1] Hayashi: Sieben- und mehrstellige Tafeln, 1926, S. 275; Tafeln der Besselschen Funktionen, 1930, S. 116; Runge u. König: Numerisches Rechnen, 1924, S. 103; Markoff, Differenzenrechnung, 1896, S. 13.

Werte von n in Δ^m_{x+nh}

Left panel

	Δ^1_{x+nh}	Δ^2_{x+nh}	Δ^3_{x+nh}	Δ^4_{x+nh}	Δ^5_{x+nh}	Δ^6_{x+nh}	Δ^7_{x+nh}	Δ^8_{x+nh}	Δ^9_{x+nh}	Δ^{10}_{x+nh}	Δ^{11}_{x+nh}	Δ^{12}_{x+nh}
−53												
−52												
−51												
f(x−50h)	−50	−51	−51	−52	−52	−53	−53	−54	−54	−55	−55	−56
−49												
−48												
−47												
−46												
−45												
−44												
−43												
−42												
−41												
f(x−40h)	−40	−41	−41	−42	−42	−43	−43	−44	−44	−45	−45	−46
−39												
−38												
−37												
−36												
−35												
−34												
−33												
−32												
−31												
f(x−30h)	−30	−31	−31	−32	−32	−33	−33	−34	−34	−35	−35	−36
−29												
−28												
−27												
−26												
−25												
−24												
−23												
−22												
−21												
f(x−20h)	−20	−21	−21	−22	−22	−23	−23	−24	−24	−25	−25	−26
−19												
−18												
−17												
−16												
−15												
−14												
−13												
−12												
−11												
f(x−10h)	−10	−11	−11	−12	−12	−13	−13	−14	−14	−15	−15	−16
−9												
−8												
−7												
−6												
−5												
−4												
−3												
f(x−2h)												
f(x−h)	−1		−2		−3		−4		−5		−6	
f(x)		−1		−2		−3		−4		−5		−6
f(x+h)	0		−1		−2		−3		−4		−5	

Right panel

	Δ^1_{x+nh}	Δ^2_{x+nh}	Δ^3_{x+nh}	Δ^4_{x+nh}	Δ^5_{x+nh}	Δ^6_{x+nh}	Δ^7_{x+nh}	Δ^8_{x+nh}	Δ^9_{x+nh}	Δ^{10}_{x+nh}	Δ^{11}_{x+nh}	Δ^{12}_{x+nh}
−3												
f(x−2h)												
f(x−h)	−2	−2	−3	−3	−4	−4	−5	−5	−6	−6	−7	−7
f(x)	−1	−1	−2	−2	−3	−3	−4	−4	−5	−5	−6	−6
f(x+h)	0	0	−1	−1	−2	−2	−3	−3	−4	−4	−5	−5
f(x+2h)	1	1	0	0	−1	−1	−2	−2	−3	−3	−4	−4
+3	2	2	1	1	0	0	−1	−1	−2	−2	−3	−3
+4	3	3	2	2	1	1	0	0	−1	−1	−2	−2
+5	4	4	3	3	2	2	1	1	0	0	−1	−1
+6	5	5	4	4	3	3	2	2	1	1	0	0
+7	6	6	5	5	4	4	3	3	2	2	1	1
+8	7	7	6	6	5	5	4	4	3	3	2	2
+9	8	8	7	7	6	6	5	5	4	4	3	3
f(x+10h)	9	9	8	8	7	7	6	6	5	5	4	4
+11	10		9		8		7		6		5	
+12	11											
+13	12											
+14												
+15												
+16												
+17												
+18												
+19												
f(x+20h)	20	19	19	18	18	17	17	16	16	15	15	14
+21												
+22												
+23												
+24												
+25												
+26												
+27												
+28												
+29												
f(x+30h)	30	29	29	28	28	27	27	26	26	25	25	24
+31												
+32												
+33												
+34												
+35												
+36												
+37												
+38												
+39												
f(x+40h)	40	39	39	38	38	37	37	36	36	35	35	34
+41												
+42												
+43												
+44												
+45												
+46												
+47												
+48												
+49												
f(x+50h)	50	49	49	48	48	47	47	46	46	45	45	44
+51												

A. Werte der Koeffizienten [$\cdots$] in $\Delta_{x \pm nh} = [\cdots]\, h f'(x) \pm \frac{[\cdots]}{2!} h^2 f''(x) + \cdots$

x	Δ_x	hf'	$\pm\ \dfrac{h^2 f''}{2!}$	$\dfrac{h^3 f'''}{3!}$	$\pm\ \dfrac{h^4 f^{IV}}{4!}$	$\dfrac{h^5 f^{V}}{5!}$	$\pm\ \dfrac{h^6 f^{VI}}{6!}$	$\dfrac{h^7 f^{VII}}{7!}$	$\pm\ \dfrac{h^8 f^{VIII}}{8!}$
x	Δ_x, x − h	1	± 1	1	± 1	1	± 1	1	± 1
	x + h, x − 2h	1	± 3	7	± 15	31	± 63	127	± 255
	2 , − 3	1	± 5	19	± 65	211	± 665	2059	± 6305
	3 , − 4	1	± 7	37	± 175	781	± 3367	14197	± 58975
	4 , − 5	1	± 9	61	± 369	2101	± 11529	61741	± 3 25089
	5 , − 6	1	± 11	91	± 671	4651	± 31031	2 01811	± 12 88991
	6 , − 7	1	± 13	127	± 1105	9031	± 70993	5 43607	± 40 85185
	7 , − 8	1	± 15	169	± 1695	15961	± 1 44495	12 73609	± 110 12415
	8 , − 9	1	± 17	217	± 2465	26281	± 2 69297	26 85817	± 262 69505
x+10h	9 , −10	1	± 19	271	± 3439	40951	± 4 68559	52 17031	± 569 53279
	10 , −11	1	± 21	331	± 4641	61051	± 7 71561	94 87171	± 1143 58881
	11 , −12	1	± 23	397	± 6095	87781	± 12 14423	163 44637	± 2156 22815
	12 , −13	1	± 25	469	± 7825	1 22461	± 18 40825	269 16709	± 3857 49025
	13 , −14	1	± 27	547	± 9855	1 66531	± 27 02727	426 64987	± 6600 58335
	14 , −15	1	± 29	631	± 12209	2 21551	± 38 61089	654 45871	± 10871 01569
	15 , −16	1	± 31	721	± 14911	2 89201	± 53 86591	975 76081	± 17320 76671
	16 , −17	1	± 33	817	± 17985	3 71281	± 73 60353	1419 03217	± 26807 90145
	17 , −18	1	± 35	919	± 21455	4 69711	± 98 74655	2018 81359	± 40442 03135
	18 , −19	1	± 37	1027	± 25345	5 86531	± 130 33657	2816 51707	± 59636 02465
x+20h	19 , −20	1	± 39	1141	± 29679	7 23901	± 169 54119	3861 28261	± 86164 36959
	20 , −21	1	± 41	1261	± 34481	8 84101	± 217 66121	5210 88541	± 1 22228 59361
	21 , −22	1	± 43	1387	± 39775	10 69531	± 276 13783	6932 69347	± 1 70530 14175
	22 , −23	1	± 45	1519	± 45585	12 82711	± 346 55985	9104 67559	± 2 34351 11745
	23 , −24	1	± 47	1657	± 51935	15 26281	± 430 67087	11816 45977	± 3 17643 28895
	24 , −25	1	± 49	1801	± 58849	18 03001	± 530 37649	15170 44201	± 4 25125 76449
	25 , −26	1	± 51	1951	± 66351	21 15751	± 647 75151	19282 94551	± 5 62391 73951
	26 , −27	1	± 53	2107	± 74465	24 67531	± 785 04713	24285 43027	± 7 36024 71905
	27 , −28	1	± 55	2269	± 83215	28 61461	± 944 69815	30325 75309	± 9 53724 61855
	28 , −29	1	± 57	2437	± 92625	33 00781	± 1129 33017	37569 47797	± 12 24444 14625
x+30h	29 , −30	1	± 59	2611	± 1 02719	37 88851	± 1341 76679	46201 23691	± 15 58535 87039
	30 , −31	1	± 61	2791	± 1 13521	43 29151	± 1585 03681	56426 14111	± 19 67910 37441
	31 , −32	1	± 63	2977	± 1 25055	49 25281	± 1862 38143	68471 24257	± 24 66205 90335
	32 , −33	1	± 65	3169	± 1 37345	55 80961	± 2177 26145	82587 04609	± 30 68969 90465
	33 , −34	1	± 67	3367	± 1 50415	63 00031	± 2533 36447	99049 07167	± 37 93852 86655
	34 , −35	1	± 69	3571	± 1 64289	70 86451	± 2934 61209	1 18159 46731	± 46 60814 85729
	35 , −36	1	± 71	3781	± 1 78991	79 44301	± 3385 16711	1 40248 67221	± 56 92345 16831
	36 , −37	1	± 73	3997	± 1 94545	88 77781	± 3889 44073	1 65677 13037	± 69 13695 46465
	37 , −38	1	± 75	4219	± 2 10975	98 91211	± 4452 09975	1 94837 05459	± 83 53126 84575
	38 , −39	1	± 77	4447	± 2 28305	109 89031	± 5078 07377	2 28154 24087	± 100 42171 21985
x+40h	39 , −40	1	± 79	4681	± 2 46559	121 75801	± 5772 56239	2 66089 93321	± 120 15907 39519
	40 , −41	1	± 81	4921	± 2 65761	134 56201	± 6541 04241	3 09142 73881	± 143 13252 29121
	41 , −42	1	± 83	5167	± 2 85935	148 35031	± 7389 27503	3 57850 59367	± 169 77267 67295
	42 , −43	1	± 85	5419	± 3 07105	163 17211	± 8323 31305	4 12792 77859	± 200 55482 81185
	43 , −44	1	± 87	5677	± 3 29295	179 07781	± 9349 50807	4 74591 98557	± 236 00233 47615
	44 , −45	1	± 89	5941	± 3 52529	196 11901	± 10474 51769	5 43916 43461	± 276 69017 65409
	45 , −46	1	± 91	6211	± 3 76831	214 34851	± 11705 31271	6 21482 04091	± 323 24868 41311
	46 , −47	1	± 93	6487	± 4 02225	233 82031	± 13049 18433	7 08054 63247	± 376 36744 29825
	47 , −48	1	± 95	6769	± 4 28735	254 58961	± 14513 75135	8 04452 21809	± 436 79937 67295
	48 , −49	1	± 97	7057	± 4 56385	276 71281	± 16106 96737	9 11547 30577	± 505 36501 40545
x+50h	49 , −50	1	± 99	7351	± 4 85199	300 24751	± 17837 12799	10 30269 27151	± 582 95694 30399
	50 , −51	1	±101	7651	± 5 15201	325 25251	± 19712 87801	11 61606 77851	± 670 54445 70401
	51 , −52	1	±103	7957	± 5 46415	351 78781	± 21743 21863	13 06610 24677	± 769 17839 61055
	52 , −53	1	±105	8269	± 5 78865	379 91461	± 23937 51465	14 66394 37309	± 879 99618 79905
	53 , −54	1	±107	8587	± 6 12575	409 69531	± 26305 50167	16 42140 70147	±1004 22709 27775

B. Werte der Koeffizienten $\dfrac{[\cdots]}{m!}$, $\dfrac{[\cdots]}{(m+1)!}$, $\cdots$

	hf'	$+h^3 f'''$	$+h^5 f^{V}$	$+h^7 f^{VII}$	$+h^9 f^{IX}$	$+h^{11} f^{XI}$	$+\cdots$
Δ_x, x − h	1	0,16666 $\cdots$	0,00833 $\cdots$	0,00019 84126 98 $\cdots$	0,00000 27557 31 $\cdots$	0,00000 00250 52 $\cdots$	$\cdots$
$\Delta^3_{x-h,\ x-2h}$		1	0,25	0,025	0,00140 54232 80 $\cdots$	0,00005 12566 13 $\cdots$	$\cdots$
$\Delta^5_{x-2h,\ x-3h}$			1	0,33333 $\cdots$	0,04861 111 $\cdots$	0,00423 28042 32 $\cdots$	$\cdots$
$\Delta^7_{x-3h,\ x-4h}$				1	0,41666 666 $\cdots$	0,07916 66 $\cdots$	$\cdots$
$\Delta^9_{x-4h,\ x-5h}$					1	0,5	$\cdots$
$\Delta^{11}_{x-5h,\ x-6h}$						1	$\cdots$
$\Delta^{13}_{x-6h,\ x-7h}$							1 + $\cdots$

$\dfrac{h^9\, f^{IX}(x)}{9!}$	$\dfrac{h^{10}\, f^{X}(x)}{10!}$	$\dfrac{h^{11}\, f^{XI}(x)}{11!}$	$\dfrac{h^{12}\, f^{XII}(x)}{12!}$
1	± 1	1	± 1
511	± 1023	2047	± 4095
19171	± 58025	1 75099	± 5 27345
2 42461	± 9 89527	40 17157	± 162 45775
16 90981	± 87 17049	446 33821	± 2273 63409
81 24571	± 507 00551	3139 68931	± 19326 41711
302 75911	± 2220 09073	16145 29687	± 1 16645 04865
938 64121	± 7912 66575	66126 07849	± 5 48781 89535
2532 02761	± 24130 42577	2 27911 25017	± 21 37100 59745
6125 79511	± 65132 15599	6 86189 40391	± 71 75704 63519
13579 47691	± 1 59374 24601	18 53116 70611	± 213 84283 76721
28018 32661	± 3 59799 39623	45 76967 00077	± 577 76720 71535
54447 19021	± 7 59411 27625	104 91520 23349	± 1438 19846 74225
1 00565 47411	± 15 13961 63127	225 74047 75627	± 3339 58272 52815
1 77823 12591	± 28 73957 35649	460 01906 89711	± 7305 24255 15329
3 02761 17361	± 52 28612 37151	894 24301 85041	± 15172 86388 20031
4 98683 99761	± 91 64822 72673	1667 97102 63217	± 30114 72605 19105
7 97714 13871	± 155 44733 26175	2999 65137 71599	± 57420 91441 96415
12 43284 07411	± 256 05990 31177	5222 18488 18987	± 1 05648 35376 39985
18 93123 02221	± 410 89337 42199	8830 97411 01781	± 1 88268 50809 33839
28 22800 46581	± 643 98809 78201	14547 75005 42221	± 3 25982 75113 86641
41 29891 71211	± 988 00418 13223	23404 08008 69107	± 5 49917 51196 62575
59 38834 43671	± 1486 65884 22225	36849 14565 02599	± 9 05962 18009 71105
84 06548 78761	± 2197 68697 51727	56887 13852 55097	± 14 60572 30040 36255
117 28897 25401	± 3196 40506 75249	86250 46478 46601	± 23 08429 73393 34049
161 48064 13351	± 4579 96640 12751	1 28615 86959 72151	± 35 82431 18862 91551
219 60938 06011	± 6472 40364 41273	1 88871 60795 67747	± 54 66567 86353 16945
295 28584 68421	± 9030 56346 00775	2 73444 89009 16349	± 82 12362 97922 13295
392 86900 22461	± 12451 04666 04777	3 90700 02982 33957	± 121 59651 81162 56625
517 58540 24131	± 16978 27666 99799	5 51419 02342 94171	± 177 62621 67945 30959
675 66221 60671	± 22913 82869 80801	7 69377 68964 04831	± 256 22178 37885 49761
874 47499 28161	± 30627 19198 61823	10 62032 01225 59137	± 365 25872 08182 97215
1122 71123 13121	± 40567 90784 21825	14 51330 94947 62849	± 514 96801 03461 37985
1430 55083 64511	± 53279 87687 95327	19 64673 71243 05567	± 718 53116 87401 16095
1809 86459 05411	± 69416 95994 55849	26 36031 37350 14491	± 992 79982 43635 39569
2274 43179 96541	± 89761 10865 47351	35 07254 64692 20261	± 1359 16083 02649 76271
2840 17831 26661	± 1 15242 59323 54873	46 29591 79371 93277	± 1844 57066 75184 18385
3525 43614 67771	± 1 46962 74755 70375	60 65442 84440 92099	± 2482 78590 26549 60175
4351 22598 95911	± 1 86219 42372 03377	78 90378 70989 19927	± 3315 81974 70814 29665
5341 56388 41241	± 2 34535 39148 08399	101 95456 26775 27561	± · 4395 65834 44235 74879
6523 79343 93961	± 2 93689 93101 52401	130 89863 17162 48441	± 5786 27430 03661 86081
7928 94494 55511	± 3 65753 88115 25423	167 03928 93942 20167	± 7565 97918 62734 95455
9592 12280 87371	± 4 53128 41916 06425	211 92541 83607 54099	± 9830 16131 06228 94865
11552 92275 72661	± 5 58587 86251 33927	267 39014 18191 77037	± 12694 45997 95150 12335
13855 88030 68621	± 6 85326 79775 97449	335 59441 99303 03381	± 16298 43277 81540 51889
16550 95200 90931	± 8 37011 85667 60951	419 07608 29870 19371	± 20809 77811 86235 94191
19694 03104 33711	± 10 17838 47530 53473	520 80483 08762 89807	± 26429 18143 53933 43425
23347 49874 91921	± 12 32592 98727 14975	644 24376 61261 48849	± 33395 85998 91391 57055
27580 81373 15761	± 14 86720 41890 66977	793 41806 73728 26897	± 41993 88828 24786 79105
32471 14020 89551	± 17 86398 37023 87999	972 99145 14170 11951	± 52559 39361 94335 85519·
38104 01730 90451	± 21 38617 38276 13001	1188 35111 52082 63051	± 65488 71937 56214 15601
44574 07105 45261	± 25 51268 21214 44023	1445 70189 41427 02197	± 81247 66211 06287 77295
51985 77081 66421	± 30 33236 44164 56025	1752 17042 00212 26349	± 1 00381 89777 04759 61745
60454 23205 11211	± 35 94504 88994 07527	2115 92011 09335 19507	± 1 23528 72191 97822 44975

	$h^2 f''$	$+\, h^4 f^{IV}$	$+\, h^6 f^{VI}$	$+\, h^8 f^{VIII}$	$+\, h^{10} f^{X}$	$+\, h^{12} f^{XII}$	$+\, \cdots$
	0,5	0,04166 66 ···	0,00138 88 ···	0,00002 48015 ···	0,00000 02755 ···	0,00000 00020 87675 ···	···
		0,5	0,08333 33 ···	0,00625	0,00028 1084 ···	0,00000 85427 68959 ···	···
±			0,5	0,125	0,01458 333 ···	0,00105 82010 582 ···	···
				0,5	0,16666 66 ···	0,02638 88888 ···	···
					0,5	0,20833 333 ···	···
						0,5	···
							0,5+ ···

Werte der Koeffizienten $[\cdots]$ in $\Delta^2_{x\pm nh} = \dfrac{[\cdots]}{2!}\,h^2 f''(x) \pm \dfrac{[\cdots]}{3!}\,h^3 f'''(x) + \cdots$

x	Δ	$\dfrac{h^2 f''}{2!}$	$\dfrac{h^3 f'''}{3!}$	$\dfrac{h^4 f^{IV}}{4!}$	$\dfrac{h^5 f^{V}}{5!}$	$\dfrac{h^6 f^{VI}}{6!}$	$\dfrac{h^7 f^{VII}}{7!}$	$\dfrac{h^8 f^{VIII}}{8!}$
x	Δ^2_{x-h}	2	0	2	0	2	0	2
	x , x− 2h	2	± 6	14	± 30	62	± 126	254
	x+ h, − 3	2	± 12	50	± 180	602	± 1932	6050
	2 , − 4	2	± 18	110	± 570	2702	± 12138	52670
	3 , − 5	2	± 24	194	± 1320	8162	± 47544	2 66114
	4 , − 6	2	± 30	302	± 2550	19502	± 1 40070	9 63902
	5 , − 7	2	± 36	434	± 4380	39962	± 3 41796	27 96194
	6 , − 8	2	± 42	590	± 6930	73502	± 7 30002	69 27230
	7 , − 9	2	± 48	770	± 10320	1 24802	± 14 12208	152 57090
	8 , −10	2	± 54	974	± 14670	1 99262	± 25 31214	306 83774
x+10h	9 , −11	2	± 60	1202	± 20100	3 03002	± 42 70140	574 05602
	10 , −12	2	± 66	1454	± 26730	4 42862	± 68 57466	1012 63934
	11 , −13	2	± 72	1730	± 34680	6 26402	± 105 72072	1701 26210
	12 , −14	2	± 78	2030	± 44070	8 61902	± 157 48278	2743 09310
	13 , −15	2	± 84	2354	± 55020	11 58362	± 227 80884	4270 43234
	14 , −16	2	± 90	2702	± 67650	15 25502	± 321 30210	6449 75102
	15 , −17	2	± 96	3074	± 82080	19 73762	± 443 27136	9487 13474
	16 , −18	2	±102	3470	± 98430	25 14302	± 599 78142	13634 12990
	17 , −19	2	±108	3890	± 1 16820	31 59002	± 797 70348	19193 99330
	18 , −20	2	±114	4334	± 1 37370	39 20462	± 1044 76554	26528 34494
x+20h	19 , −21	2	±120	4802	± 1 60200	48 12002	± 1349 60280	36064 22402
	20 , −22	2	±126	5294	± 1 85430	58 47662	± 1721 80806	48301 54814
	21 , −23	2	±132	5810	± 2 13180	70 42202	± 2171 98212	63820 97570
	22 , −24	2	±138	6350	± 2 43570	84 11102	± 2711 78418	83292 17150
	23 , −25	2	±144	6914	± 2 76720	99 70562	± 3353 98224	1 07482 47554
	24 , −26	2	±150	7502	± 3 12750	117 37502	± 4112 50350	1 37265 97502
	25 , −27	2	±156	8114	± 3 51780	137 29562	± 5002 48476	1 73632 97954
	26 , −28	2	±162	8750	± 3 93930	159 65102	± 6040 32282	2 17699 89950
	27 , −29	2	±168	9410	± 4 39320	184 63202	± 7243 72488	2 70719 52770
	28 , −30	2	±174	10094	± 4 88070	212 43662	± 8631 75894	3 34091 72414
x+30h	29 , −31	2	±180	10802	± 5 40300	243 27002	± 10224 90420	4 09374 50402
	30 , −32	2	±186	11534	± 5 96130	277 34462	± 12045 10146	4 98295 52894
	31 , −33	2	±192	12290	± 6 55680	314 88002	± 14115 80352	6 02764 00130
	32 , −34	2	±198	13070	± 7 19070	356 10302	± 17462 02558	7 24882 96190
	33 , −35	2	±204	13874	± 7 86420	401 24762	± 19110 39564	8 66961 99074
	34 , −36	2	±210	14702	± 8 57850	450 55502	± 22089 20490	10 31530 31102
	35 , −37	2	±216	15554	± 9 33480	504 27362	± 25428 45816	12 21350 29634
	36 , −38	2	±222	16430	±10 13430	562 65902	± 29159 92422	14 39431 38110
	37 , −39	2	±228	17330	±10 97820	625 97402	± 33317 18628	16 89044 37410
	38 , −40	2	±234	18254	±11 86770	694 48862	± 37935 69234	19 73736 17534
x+40h	39 , −41	2	±240	19202	±12 80400	768 48002	± 43052 80560	22 97344 89602
	40 , −42	2	±246	20174	±13 78830	848 23262	± 48707 85486	26 64015 38174
	41 , −43	2	±252	21170	±14 82180	934 03802	± 54942 18492	30 78215 13890
	42 , −44	2	±258	22190	±15 90570	1026 19502	± 61799 20698	35 44750 66430
	43 , −45	2	±264	23234	±17 04120	1125 00962	± 69324 44904	40 68784 17794
	44 , −46	2	±270	24302	±18 22950	1230 79502	± 77565 60630	46 55850 75902
	45 , −47	2	±276	25394	±19 47180	1343 87162	± 86572 59156	53 11875 88514
	46 , −48	2	±282	26510	±20 76930	1464 56702	± 96397 58562	60 43193 37470
	47 , −49	2	±288	27650	±22 12320	1593 21602	±1 07095 08768	68 56563 73250
	48 , −50	2	±294	28814	±23 53470	1730 16062	±1 18721 96574	77 59192 89854
x+50h	49 , −51	2	±300	30002	±25 00500	1875 75002	±1 31337 50700	87 58751 40002
	50 , −52	2	±306	31214	±26 53530	2030 34062	±1 45003 46826	98 63393 90654
	51 , −53	2	±312	32450	±28 12680	2194 29602	±1 59784 12632	110 81779 18850
	52 , −54	2	±318	33710	±29 78070	2367 98702	±1 75746 32838	124 23090 47870
	53 , −55	2	±324	34994	±31 49820	2551 79162	±1 92959 54244	138 97056 23714

	$h^2 f''$	$+\,h^4 f^{IV}$	$+\,h^6 f^{VI}$	$+\,h^8 f^{VIII}$	$+\,h^{10} f^{X}$	$+\,h^{12} f^{XII}$	$+\cdots$
Δ^2_{x-h}	1	0,08333 $\cdots$	0,00277 77 $\cdots$	0,00004 96031 74 $\cdots$	0,00000 00551 14638 $\cdots$	0,00000 00041 75 $\cdots$	$\cdots$
Δ^4_{x-2h}		1	0,16666 66 $\cdots$	0,0125	0,00056 21693 121 $\cdots$	0,00001 70855 37 $\cdots$	$\cdots$
Δ^6_{x-3h}			1	0,25	0,02916 666 $\cdots$	0,00211 64021 16 $\cdots$	$\cdots$
Δ^8_{x-4h}				1	0,33333 $\cdots$	0,05277 77 $\cdots$	$\cdots$
Δ^{10}_{x-5h}					1	0,41666 66 $\cdots$	$\cdots$
Δ^{12}_{x-6h}						1	$\cdots$
Δ^{14}_{x-7h}							1+$\cdots$

$\dfrac{h^{9} f^{IX}}{9!}$	$\dfrac{h^{10} f^{X}}{10!}$	$\dfrac{h^{11} f^{XI}}{11!}$	$\dfrac{h^{12} f^{XII}}{12!}$
0	2	0	2
± 510	1022	± 2046	4094
± 18660	57002	± 1 73052	5 23250
± 2 23290	9 31502	± 38 42058	157 18430
± 14 48520	77 27522	± 406 16664	2111 17634
± 64 33590	419 83502	± 2693 35110	17052 78302
± 221 51340	1713 08522	± 13005 60756	97318 63154
± 635 88210	5692 57502	± 49980 78162	4 32136 84670
± 1593 38640	16217 76002	± 1 61785 17168	15 88318 70210
± 3593 76750	41001 73022	± 4 58278 15374	50 38604 03774
± 7453 68180	94242 09002	± 11 66927 30220	142 08579 13202
± 14438 84970	2 00425 15022	± 27 23850 29466	363 92436 94814
± 26428 86360	3 99611 88002	± 59 14553 23272	860 43126 02690
± 46118 28390	7 54550 35502	± 120 82527 52278	1901 38425 78590
± 77257 65180	13 59995 72522	± 234 27859 14084	3965 65982 62514
± 1 24938 04770	23 54655 01502	± 434 22394 95330	7867 62133 04702
± 1 95922 82400	39 36210 35522	± 773 72800 78176	14941 86216 99074
± 2 99030 14110	63 79910 53502	± 1331 68035 08382	27306 18836 77310
± 4 45569 93540	100 61257 05002	± 2222 53350 47388	48227 43934 43570
± 6 49838 94810	154 83347 11022	± 3608 78922 82794	82620 15432 93854
± 9 29677 44360	233 09472 36002	± 5716 77594 40440	1 37714 24304 52802
± 13 07091 24630	344 01608 35022	± 8856 33003 26886	2 23934 76082 75934
± 18 08942 72460	498 65466 09002	± 13445 06556 33492	3 56044 66813 08530
± 24 67714 35090	711 02813 29502	± 20037 99287 52498	5 54610 12030 65150
± 33 22348 46640	998 71809 23522	± 29363 32625 91504	8 47857 43352 97794
± 44 19166 87950	1383 56133 37502	± 42365 40481 25550	12 74001 45469 57502
± 58 12873 92660	1892 43724 28522	± 60255 73835 95596	18 84136 67490 25394
± 75 67646 62410	2558 15981 59502	± 84573 28213 48602	27 45795 11568 96350
± 97 58315 54040	3420 48320 04002	± 1 17255 13973 17608	39 47288 83240 43330
± 124 71640 01670	4527 23000 95022	± 1 60718 99360 60214	56 02969 86782 74334
± 158 07681 36540	5935 55202 81002	± 2 17958 66621 10660	78 59556 69940 18802
± 198 81277 67490	7713 33328 81022	± 2 92654 32261 54306	109 03693 70297 47454
± 248 23623 84960	9940 74585 60002	± 3 89298 93722 03712	149 70928 95278 40770
± 307 83960 51390	12711 96903 73502	± 5 13342 76295 42718	203 56315 83939 78110
± 379 31375 40900	16137 08306 60522	± 6 71357 66107 08924	274 26865 56234 23474
± 464 56720 91130	20344 14870 91502	± 8 71223 27342 05770	366 36100 59014 36702
± 565 74651 30120	25481 48458 07522	± 11 22337 14679 73016	485 40983 72534 42114
± 685 25783 41110	31720 15432 15502	± 14 35851 05068 98822	638 21523 51365 41790
± 825 78984 28140	39256 67616 33002	± 18 24935 86548 27828	833 03384 44264 69490
± 990 33789 45330	48315 96776 05022	± 23 05077 55786 07634	1079 83859 73421 45214
±1182 22955 52720	59154 53953 44002	± 28 94406 90387 20880	1390 61595 59426 11202
±1405 15150 61550	72063 95013 73022	± 36 14065 76779 71726	1779 70488 59073 09374
±1663 17786 31860	87374 53800 81002	± 44 88612 89665 33932	2264 18212 43493 99410
±1960 79994 85290	1 05459 44335 27502	± 55 46472 34584 22938	2864 29866 88921 17470
±2302 95754 95960	1 26738 93524 63522	± 68 20427 81111 26344	3603 97279 86390 39554
±2695 07170 22310	1 51685 05891 63502	± 83 48166 30567 15990	4511 34534 04695 42302
±3143 07903 42780	1 80826 61862 92522	±101 72874 78892 70436	5619 40331 67697 49234
±3653 46770 58210	2 14754 51196 61502	±123 43893 52498 59042	6966 67855 37458 13630
±4233 31498 23840	2 54127 43163 52002	±149 17430 12466 78048	8598 02829 33395 22050
±4890 32647 73790	2 99677 95133 21022	±179 57338 40441 85054	10565 50533 69549 06494
±5632 87710 00900	3 52219 01252 25002	±215 35966 37912 51100	12929 32575 61878 30002
±6470 05374 54810	4 12650 82938 31022	±257 35077 89344 39146	15758 94273 50073 61694
±7411 69976 21160	4 81968 22950 12002	±306 46852 58785 24152	19134 23565 98471 84450
±8468 46123 44790	5 61268 44829 51502	±363 74969 09122 93158	23146 82414 93062 83230
±9651 83511 59820	6 51759 39548 12522	±430 35776 53135 03764	27901 51731 41097 46034

m	m!	$\dfrac{1}{m!}$	m	m!	$\dfrac{1}{m!}$
1	1	1	7	5040	0,00019 84126 98412 ···
2	2	0,5	8	40320	2 48015 87301 ···
3	6	0,16666 66 ···	9	3 62880	27557 31922 ···
4	24	0,04166 66 ···	10	36 28800	2755 73192 ···
5	120	0,00833 33 ···	11	399 16800	250 52108 ···
6	720	0,00138 88 ···	12	4790 01600	20 87675 ···

Werte der Koeffizienten [···] in $\Delta^8_{x\pm nh} = \frac{[\cdots]}{3!}\, h^3 f'''(x) \pm \frac{[\cdots]}{4!}\, h^4 f^{IV}(x) + \cdots$

x		$\dfrac{h^3 f'''}{3!}$	$\dfrac{h^4 f^{IV}}{4!}$	$\dfrac{h^5 f^V}{5!}$	$\dfrac{h^6 f^{VI}}{6!}$	$\dfrac{h^7 f^{VII}}{7!}$	$\dfrac{h^8 f^{VIII}}{8!}$	$\dfrac{h^9 f^{IX}}{9!}$
	$\Delta^8_{x-h,\ x-2h}$	6	± 12	30	± 60	126	± 252	510
	x , − 3	6	± 36	150	± 540	1806	± 5796	18150
	x + h, − 4	6	± 60	390	± 2100	10206	± 46620	2 04630
	2 , − 5	6	± 84	750	± 5460	35406	± 2 13444	12 25230
	3 , − 6	6	± 108	1230	± 11340	92526	± 6 97788	49 85070
	4 , − 7	6	± 132	1830	± 20460	2 01726	± 18 32292	157 17750
	5 , − 8	6	± 156	2550	± 33540	3 88206	± 41 31036	414 36870
	6 , − 9	6	± 180	3390	± 51300	6 82206	± 83 29860	957 50430
	7 , −10	6	± 204	4350	± 74460	11 19006	± 154 26684	2000 38110
	8 , −11	6	± 228	5430	± 1 03740	17 38926	± 267 21828	3859 91430
x+10h	9 , −12	6	± 252	6630	± 1 39860	25 87326	± 438 58332	6985 16790
	10 , −13	6	± 276	7950	± 1 83540	37 14606	± 688 62276	11990 01390
	11 , −14	6	± 300	9390	± 2 35500	51 76206	± 1041 83100	19689 42030
	12 , −15	6	± 324	10950	± 2 96460	70 32606	± 1527 33924	31139 36790
	13 , −16	6	± 348	12630	± 3 67140	93 49326	± 2179 31868	47680 39590
	14 , −17	6	± 372	14430	± 4 48260	121 96926	± 3037 38372	70984 77630
	15 , −18	6	± 396	16350	± 5 40540	156 51006	± 4146 99516	1 03107 31710
	16 , −19	6	± 420	18390	± 6 44700	197 92206	± 5559 86340	1 46539 79430
	17 , −20	6	± 444	20550	± 7 61460	247 06206	± 7334 35164	2 04269 01270
	18 , −21	6	± 468	22830	± 8 91540	304 83726	± 9535 87908	2 79838 49550
x+20h	19 , −22	6	± 492	25230	± 10 35660	372 20526	± 12237 32412	3 77413 80270
	20 , −23	6	± 516	27750	± 11 94540	450 17406	± 15519 42756	5 01851 47830
	21 , −24	6	± 540	30390	± 13 68900	539 80206	± 19471 19580	6 58771 62630
	22 , −25	6	± 564	33150	± 15 59460	642 19806	± 24190 30404	8 54634 11550
	23 , −26	6	± 588	36030	± 17 66940	758 52126	± 29783 49948	10 96818 41310
	24 , −27	6	± 612	39030	± 19 92060	889 98126	± 36367 00452	13 93707 04710
	25 , −28	6	± 636	42150	± 22 35540	1037 83806	± 44066 91996	17 54772 69750
	26 , −29	6	± 660	45390	± 24 98100	1203 40206	± 53019 62820	21 90668 91630
	27 , −30	6	± 684	48750	± 27 80460	1388 03406	± 63372 19644	27 13324 47630
	28 , −31	6	± 708	52230	± 30 83340	1593 14526	± 75282 77988	33 36041 34870
x+30h	29 , −32	6	± 732	55830	± 34 07460	1820 19726	± 88921 02492	40 73596 30950
	30 , −33	6	± 756	59550	± 37 53540	2070 70206	± 1 04468 47236	49 42346 17470
	31 , −34	6	± 780	63390	± 41 22300	2346 22206	± 1 22118 96060	59 60336 66430
	32 , −35	6	± 804	67350	± 45 14460	2648 37006	± 1 42079 02884	71 47414 89510
	33 , −36	6	± 828	71430	± 49 30740	2978 80926	± 1 64568 32028	85 25345 50230
	34 , −37	6	± 852	75630	± 53 71860	3339 25326	± 1 89819 98532	101 17930 38990
	35 , −38	6	± 876	79950	± 58 38540	3731 46606	± 2 18081 08476	119 51132 10990
	36 , −39	6	± 900	84390	± 63 31500	4157 26206	± 2 49612 99300	140 53200 87030
	37 , −40	6	± 924	88950	± 68 51460	4618 50606	± 2 84691 80124	164 54805 17190
	38 , −41	6	± 948	93630	± 73 99140	5117 11326	± 3 23608 72068	191 89166 07390
x+40h	39 , −42	6	± 972	98430	± 79 75260	5655 04926	± 3 66670 48572	222 92195 08830
	40 , −43	6	± 996	1 03350	± 85 80540	6234 33006	± 4 14199 75716	258 02635 70310
	41 , −44	6	±1020	1 08390	± 92 15700	6857 02206	± 4 66535 52540	297 62208 53430
	42 , −45	6	±1044	1 13550	± 98 81460	7525 24206	± 5 24033 51364	342 15760 10670
	43 , −46	6	±1068	1 18830	±105 78540	8241 15726	± 5 87066 58108	392 11415 26350
	44 , −47	6	±1092	1 24230	±113 07660	9006 98526	± 6 56025 12612	448 00733 20470
	45 , −48	6	±1116	1 29750	±120 69540	9824 99406	± 7 31317 48956	510 38867 15430
	46 , −49	6	±1140	1 35390	±128 64900	10697 50206	± 8 13370 35780	579 84727 65630
	47 , −50	6	±1164	1 41150	±136 94460	11626 87806	± 9 02629 16604	657 01149 49950
	48 , −51	6	±1188	1 47030	±145 58940	12615 54126	± 9 99558 50148	742 55062 27110
x+50h	49 , −52	6	±1212	1 53030	±154 59060	13665 96126	±11 04642 50652	837 17664 53910
	50 , −53	6	±1236	1 59150	±163 95540	14780 65806	±12 18385 28196	941 64601 66350
	51 , −54	6	±1260	1 65390	±173 69100	15962 20206	±13 41311 29020	1056 76147 23630
	52 , −55	6	±1284	1 71750	±183 80460	17213 21406	±14 73965 75844	1183 37388 15030
	53 , −56	6	±1308	1 78230	±194 30340	18536 36526	±16 16915 08188	1322 38413 29670

	hf′	$+h^3 f'''$	$+h^5 f^V$	$+h^7 f^{VII}$	$+h^9 f^{IX}$	$+h^{11} f^{XI}$	$+\cdots$
$\Delta^1_{x+10h,\ x-11h}$	I	55,16666 ⋯	508,75833 ⋯	1882,37519 ⋯	3742,13980 ⋯	4642,44805 ⋯	⋯
$\Delta^3_{x+9h,\ x-12h}$		I	55,25	513,35833 ⋯	1924,92501 ⋯	3900,42035 ⋯	⋯
$\Delta^5_{x+8h,\ x-13h}$			I	55,33333 ⋯	517,96527 ⋯	1967,85839 ⋯	⋯
$\Delta^7_{x+7h,\ x-14h}$				I	55,41666 ⋯	522,57916 ⋯	⋯
$\Delta^9_{x+6h,\ x-15h}$					I	55,47494 ⋯	⋯
$\Delta^{11}_{x+5h,\ x-16h}$						I	⋯
$\Delta^{13}_{x+4h,\ x-17h}$							I + ⋯

$\dfrac{h^{10} f^{X}}{10!}$	$\dfrac{h^{11} f^{XI}}{11!}$	$\dfrac{h^{12} f^{XII}}{12!}$
± 1020	± 2046	± 4092
± 55980	± 1 71006	± 5 19156
± 8 74500	± 36 69006	± 151 95180
± 67 96020	± 367 74606	± 1953 99204
± 342 55980	± 2287 18446	± 14941 60668
± 1293 25020	± 10312 25646	± 80265 84852
± 3979 48980	± 36975 17406	± 3 34818 21516
± 10525 18500	± 1 11804 39006	± 11 56181 85540
± 24783 97020	± 2 96492 98206	± 34 50285 33564
± 53240 35980	± 7 08649 14846	± 91 69975 09428
± 1 06183 06020	± 15 56922 99246	± 221 83857 81612
± 1 99186 72980	± 31 90702 93806	± 496 50689 07876
± 3 54938 47500	± 61 67974 29006	± 1040 95299 75900
± 6 05445 37020	± 113 45331 61806	± 2064 27556 83924
± 9 94659 28980	± 199 94535 81246	± 3901 96150 42188
± 15 81555 34020	± 339 50405 82846	± 7074 24083 94372
± 24 43700 17980	± 557 95234 30206	± 12364 32619 78236
± 36 81346 47000	± 890 85315 39006	± 20921 25097 66260
± 54 22090 10520	± 1386 25572 35406	± 34392 71498 50284
± 78 26125 24980	± 2107 98671 57646	± 55094 08871 58948
± 110 92135 99020	± 3139 55408 86446	± 86220 51778 23132
± 154 63857 73980	± 4588 73553 06606	± 1 32109 90730 32596
± 212 37347 20500	± 6592 92731 19006	± 1 98565 45217 56620
± 287 68995 94020	± 9325 33338 39006	± 2 93247 31322 32644
± 384 84324 13980	± 13002 07855 34046	± 4 26144 02116 59708
± 508 87590 91020	± 17890 33354 70046	± 6 10135 22020 67892
± 665 72257 30980	± 24317 54377 53006	± 8 61658 44078 70956
± 862 32338 44500	± 32681 85759 69006	± 12 01493 71671 46980
± 1106 74680 91020	± 43463 85387 42606	± 16 55681 03542 31004
± 1408 32201 85980	± 57239 67260 50446	± 22 56586 83157 44468
± 1777 78126 00020	± 74695 65640 43646	± 30 44137 00357 28652
± 2227 41256 78980	± 96644 61460 49406	± 40 67235 24980 93316
± 2771 22318 13500	± 1 24043 82573 39006	± 53 85386 88661 37340
± 3425 11402 87020	± 1 58014 89811 66206	± 70 70549 72294 45364
± 4207 06564 30980	± 1 99865 61234 96846	± 92 09235 02780 13228
± 5137 33587 16020	± 2 51113 87337 67246	± 119 04883 13520 05412
± 6238 66974 07980	± 3 13513 90389 25806	± 152 80539 78830 99676
± 7536 52184 17500	± 3 89084 81479 29006	± 194 81860 92899 27700
± 9059 29159 72020	± 4 80141 69237 79806	± 246 80475 29156 75724
± 10838 57177 38980	± 5 89329 34601 13246	± 310 77735 86004 65988
± 12909 41060 29020	± 7 19658 86392 50846	± 389 08892 99646 98172
± 15310 58787 07980	± 8 74547 12885 62206	± 484 47723 84420 90036
± 18084 90534 46500	± 10 57859 44918 89006	± 600 11654 45427 18060
± 21279 49189 36020	± 12 73955 46527 03406	± 739 67412 97469 22084
± 24946 12366 99980	± 15 27738 49455 89646	± 907 37254 18305 02748
± 29141 55971 29020	± 18 24708 48325 54446	±1108 05797 63002 06932
± 33927 89333 68980	± 21 71018 73605 88606	±1347 27523 69760 64396
± 39372 91966 90500	± 25 73536 59968 19006	±1631 34973 95937 08420
± 45550 51969 69020	± 30 39908 27975 07006	±1967 47704 36153 84444
± 52541 06119 03980	± 35 78627 97470 66046	±2363 82041 92329 23508
± 60431 81686 06020	± 41 99111 51431 88046	±2829 61697 88195 31692
± 69317 40011 80980	± 49 11774 69440 85006	±3375 29292 48398 22756
± 79300 21879 39500	± 57 28116 50337 69006	±4012 58848 94590 98780
± 90490 94718 61020	± 66 60807 44012 10606	±4754 69316 48034 62804
±1 03009 01679 40980	± 77 23783 12691 32446	±5616 39184 70119 28268

Bottom table (±):

$h^2 f''$	$+ h^4 f^{IV}$	$+ h^6 f^{VI}$	$+ h^8 f^{VIII}$	$+ h^{10} f^{X}$	$+ h^{12} f^{XII}$	$+ \cdots$
10,5	193,375	1071,6125	2836,28177 ⋯	4391,92697 ⋯	4464,34495 ⋯	⋯
	10,5	194,25	1087,75625	2926,12048 ⋯	4631,27008 ⋯	⋯
		10,5	195,125	1103,97291 ⋯	3017,30694 ⋯	⋯
			10,5	196	1120,2625	⋯
				10,5	196,875	⋯
					10,5	⋯
						10,5 + ⋯

Right-hand tables (±):

$h^3 f'''$	$+ h^5 f^{V}$	$+ h^7 f^{VII}$	$+ h^9 f^{IX}$	$+ h^{11} f^{XI}$	$+ \cdots$
10	167,5	847,25	2054,03488 ⋯	2923,39892 ⋯	⋯
	10	168,33333 ⋯	861,23611 ⋯	2125,10482 ⋯	⋯
		10	169,16666 ⋯	872,78645 ⋯	⋯
			10	170	⋯
				10	⋯
					10 + ⋯

$h^2 f''$	$+ h^4 f^{IV}$	$+ h^6 f^{VI}$	$+ h^8 f^{VIII}$	$+ h^{10} f^{X}$	$+ h^{12} f^{XII}$	$+ \cdots$
1	50,08333 ⋯	420,83611 ⋯	1423,75004 ⋯	2597,05935 ⋯	2966,29053 ⋯	⋯
	1	50,16666 ⋯	425,0125	1458,95889 ⋯	2716,87667 ⋯	⋯
		1	50,25	429,19583 ⋯	1494,51600 ⋯	⋯
			1	50,3333	433,3861 ⋯	⋯
				1	50,41666	⋯
					1	⋯
						1 + ⋯

Row labels (left column of the lower right table):

$\Delta^2_{x+9h,\ x-11h}$
$\Delta^4_{x+8h,\ x-12h}$
$\Delta^6_{x+7h,\ x-13h}$
$\Delta^8_{x+6h,\ x-14h}$
$\Delta^{10}_{x+5h,\ x-15h}$
$\Delta^{12}_{x+4h,\ x-16h}$
$\Delta^{14}_{x+3h,\ x-17h}$

Werte der Koeffizienten [···] in $\Delta^4_{x \pm nh} = \dfrac{[\cdots]}{4!}\, h^4 f^{IV}(x) \pm \dfrac{[\cdots]}{5!}\, h^5 f^{V}(x) + \cdots$

		$\dfrac{h^4 f^{IV}}{4!}$	$\dfrac{h^5 f^{V}}{5!}$	$\dfrac{h^6 f^{VI}}{6!}$	$\dfrac{h^7 f^{VII}}{7!}$	$\dfrac{h^8 f^{VIII}}{8!}$	$\dfrac{h^9 f^{IX}}{9!}$	$\dfrac{h^{10} f^{X}}{10!}$
x	Δ^4_{x-2h}	24	0	120	0	504	0	2040
	x−h, x− 3h	24	± 120	480	± 1680	5544	± 17640	54960
	x, − 4	24	± 240	1560	± 8400	40824	± 1 86480	8 18520
	x+ h, − 5	24	± 360	3360	± 25200	1 66824	± 10 20600	59 21520
	2 , − 6	24	± 480	5880	± 57120	4 84344	± 37 59840	274 59960
	3 , − 7	24	± 600	9120	± 1 09200	11 34504	± 107 32680	950 69040
	4 , − 8	24	± 720	13080	± 1 86480	22 98744	± 257 19120	2686 23960
	5 , − 9	24	± 840	17760	± 2,94000	41 98824	± 543 13560	6545 69520
	6 , −10	24	± 960	23160	± 4 36800	70 96824	± 1042 87680	14258 78520
	7 , −11	24	±1080	29280	± 6 19920	112 95144	± 1859 53320	28456 38960
x+10h	8 , −12	24	±1200	36120	± 8 48400	171 36504	± 3125 25360	52942 70040
	9 , −13	24	±1320	43680	± 11 27280	250 03944	± 5004 84600	93003 66960
	10 , −14	24	±1440	51960	± 14 61600	353 20824	± 7699 40640	1 55751 74520
	11 , −15	24	±1560	60960	± 18 56400	485 50824	± 11449 94760	2 50506 89520
	12 , −16	24	±1680	70680	± 23 16720	651 97944	± 16541 02800	3 89213 91960
	13 , −17	24	±1800	81120	± 28 47600	858 06504	± 23304 38040	5 86896 05040
	14 , −18	24	±1920	92280	± 34 54080	1109 61144	± 32122 54080	8 62144 83960
	15 , −19	24	±2040	1 04160	± 41 41200	1412 86824	± 43432 47720	12 37646 29020
	16 , −20	24	±2160	1 16760	± 49 14000	1774 48824	± 57729 21840	17 40743 63520
	17 , −21	24	±2280	1 30080	± 57 77520	2201 52744	± 75569 48280	24 04035 14460
x+20h	18 , −22	24	±2400	1 44120	± 67 36800	2701 44504	± 97575 30720	32 66010 74040
	19 , −23	24	±2520	1 58880	± 77 96880	3282 10344	± 1 24437 67560	43 71721 74960
	20 , −24	24	±2640	1 74360	± 89 62800	3951 76824	± 1 56920 14800	57 73489 46520
	21 , −25	24	±2760	1 90560	± 102 39600	4719 10824	± 1 95862 48920	75 31648 73520
	22 , −26	24	±2880	2 07480	± 116 32320	5593 19544	± 2 42184 29760	97 15328 19960
	23 , −27	24	±3000	2 25120	± 131 46000	6583 50504	± 2 96888 63400	124 03266 77040
	24 , −28	24	±3120	2 43480	± 147 85680	7699 91544	± 3 61065 65040	156 84666 39960
	25 , −29	24	±3240	2 62560	± 165 56400	8952 70824	± 4 35896 21880	196 60081 13520
	26 , −30	24	±3360	2 82360	± 184 63200	10352 56824	± 5 22655 56000	244 42342 46520
	27 , −31	24	±3480	3 02880	± 205 11120	11910 58344	± 6 22716 87240	301 57520 94960
x+30h	28 , −32	24	±3600	3 24120	± 227 05200	13638 24504	± 7 37554 96080	369 45924 14040
	29 , −33	24	±3720	3 46080	± 250 50480	15547 44744	± 8 68749 86520	449 63130 78960
	30 , −34	24	±3840	3 68760	± 275 52000	17650 48824	± 10 17990 48960	543 81061 34520
	31 , −35	24	±3960	3 92160	± 302 14800	19960 06824	± 11 87078 23080	653 89084 73520
	32 , −36	24	±4080	4 16280	± 330 43920	22489 29144	± 13 79930 60720	781 95161 43960
	33 , −37	24	±4200	4 41120	± 360 44400	25251 66504	± 15 92584 88760	930 27022 85040
	34 , −38	24	±4320	4 66680	± 392 21280	28261 09944	± 18 33201 72000	1101 33386 91960
	35 , −39	24	±4440	4 92960	± 425 79600	31531 90824	± 21 02068 76040	1297 85210 09520
	36 , −40	24	±4560	5 19960	± 461 24400	35078 80824	± 24 01604 30160	1522 76975 54520
	37 , −41	24	±4680	5 47680	± 498 60720	38916 91944	± 27 34360 90200	1779 28017 66960
x+40h	38 , −42	24	±4800	5 76120	± 537 93600	43061 76504	± 31 03029 01440	2070 83882 90040
	39 , −43	24	±4920	6 05280	± 579 28080	47529 27144	± 35 10440 61480	2401 17726 78960
	40 , −44	24	±5040	6 35160	± 622 69200	52335 76824	± 39 59572 83120	2774 31747 38520
	41 , −45	24	±5160	6 65760	± 668 22200	57497 98824	± 44 53551 57240	3194 58654 89520
	42 , −46	24	±5280	6 97080	± 715 91520	63033 06744	± 49 95655 15680	3666 63177 63960
	43 , −47	24	±5400	7 29120	± 765 82800	68958 54504	± 55 89317 94120	4195 43604 29040
	44 , −48	24	±5520	7 61880	± 818 00880	75292 36344	± 62 38133 94960	4786 33362 39960
	45 , −49	24	±5640	7 95360	± 872 50800	82052 86824	± 69 45860 50200	5445 02633 21520
	46 , −50	24	±5760	8 29560	± 929 37600	89258 80824	± 77 16421 84320	6177 60002 78520
	47 , −51	24	±5880	8 64480	± 988 66320	96929 33544	± 85 53912 77160	6990 54149 34960
x+50h	48 , −52	24	±6000	9 00120	±1050 42000	1 05084 00504	± 94 62602 26800	7890 75567 02040
	49 , −53	24	±6120	9 36480	±1114 69680	1 13742 77544	±104 46937 12440	8885 58325 74960
	50 , −54	24	±6240	9 73560	±1181 54400	1 22926 00824	±115 11545 57280	9982 81867 58520
	51 , −55	24	±6360	10 11360	±1251 01200	1 32654 46824	±126 61240 91400	11190 72839 21520
	52 , −56	24	±6480	10 49880	±1323 15120	1 42949 32344	±139 01025 14640	12518 06960 79960
	53 , −57	24	±6600	10 89120	±1398 01200	1 53832 14504	±152 36092 59480	13974 10931 09040
	54 , −58	24	±6720	11 29080	±1475 64480	1 65324 90744	±166 71833 53920	15568 64368 83960

	$h f'$	$+ h^3 f'''$	$+ h^5 f^{V}$	$+ h^7 f^{VII}$	$+ h^9 f^{IX}$	$+ h^{11} f^{XI}$	$+ \cdots$
$\Delta^1_{x+20h,\, x-21h}$	I	210,16666 ···	7367,50833 ···	I 03390,58353 ···	7 77888,13541 ···	36 44518,11122 ···	···
$\Delta^3_{x+19h,\, x-22h}$		I	210,25	7385,025	I 04005,1264 ···	7 86524,49310 ···	···
$\Delta^5_{x+18h,\, x-23h}$			I	210,333 ···	7402,54861 ···	I 04621,12923 ···	···
$\Delta^7_{x+17h,\, x-24h}$				I	210,41666 ···	7420,07916 ···	···
$\Delta^9_{x+16h,\, x-25h}$					I	210,5	···
$\Delta^{11}_{x+15h,\, x-26h}$						I	···
$\Delta^{13}_{x+14h,\, x-27h}$							I+ ···

±	$\dfrac{h^{11} f^{XI}}{11!}$	$\dfrac{h^{12} f^{XII}}{12!}$
	0	8184
±	1 68960	5 15064
±	34 98000	146 76024
±	331 05600	1802 04024
±	1919 43840	12987 61464
±	8025 07200	65324 24184
±	26662 91760	2 54552 36664
±	74829 21600	8 21363 64024
±	1 84688 59200	22 94103 48024
±	4 12156 16640	57 19689 75864
±	8 48273 84400	130 13882 72184
±	16 33779 94560	274 66831 26264
±	29 77271 35200	544 44610 68024
±	51 77357 32800	1023 32257 08024
±	86 49204 19440	1837 68593 58264
±	139 55870 01600	3172 27933 52184
±	218 44828 47360	5290 08535 83864
±	332 90081 08800	8556 92477 88024
±	495 40256 96400	13471 46400 84024
±	721 73099 22240	20701 37373 08664
±	1031 56737 28800	31126 42906 64184
±	1449 18144 20160	45889 38952 09464
±	2004 19178 12400	66455 54487 24024
±	2732 40607 20000	94681 86104 76024
±	3676 74516 95040	1 32896 70794 27064
±	4888 25499 36000	1 83991 19904 08184
±	6427 21022 82960	2 51523 22058 03064
±	8364 31382 16000	3 39835 27592 76024
±	10781 99627 73600	4 54187 31870 84024
±	13775 81873 07840	6 00905 79615 13464
±	17455 98379 93200	7 87550 17199 84184
±	21948 95820 05760	10 23098 24623 64664
±	27399 21112 89600	13 18151 63680 44024
±	33971 07238 27200	16 85162 83633 08024
±	41850 71423 30640	21 38685 30485 67864
±	51248 26102 70400	26 95648 10739 92184
±	62400 03051 58560	33 75656 65310 94264
±	75570 91090 03200	42 01321 14068 28024
±	91056 87758 50800	51 98614 36257 48024
±	1 09187 65363 33440	63 97260 56847 90264
±	1 30329 51791 37600	78 31157 13642 32184
±	1 54888 26493 11360	95 38830 84773 91864
±	1 83312 32033 26800	115 63930 61006 28024
±	2 16096 01608 14400	139 55758 52042 04024
±	2 53783 02928 86240	167 69841 20835 80664
±	2 96969 98869 64800	200 68543 44697 04184
±	3 46310 25280 34160	239 21726 06758 57464
±	4 02517 86362 30400	284 07450 26176 44024
±	4 66371 68006 88000	336 12730 40216 76024
±	5 38719 69495 59040	396 34337 56175 39064
±	6 20483 53961 22000	465 79655 95866 08184
±	7 12663 18008 96960	545 67594 60202 91064
±	8 16341 80896 84000	637 29556 46192 76024
±	9 32690 93674 41600	742 10467 53443 64024
±	10 62975 68679 21840	861 69868 22084 65464
±	12 08560 29789 79200	997 83069 48783 44184
±	13 70913 83834 69760	1152 42376 32336 92664

	$h^2 f''$	$+ h^4 f^{IV}$	$+ h^6 f^{VI}$	$+ h^8 f^{VIII}$	$+ h^{10} f^X$	$+ h^{12} f^{XII}$	$+ \cdots$
$\Delta_x^2 + 19h,\ x-21h$	1	200,08333 $\cdots$	6683,33611 $\cdots$	89445,00004 96 $\cdots$	6 42346,5707 $\cdots$	28 75026,78582 $\cdots$	$\cdots$
$\Delta_x^4 + 18h,\ x-22h$		1	200,166 $\cdots$	6700,0125	90002,50056 $\cdots$	6 49818,89551 $\cdots$	$\cdots$
$\Delta_x^6 + 17h,\ x-23h$			1	200,25	6716,6945 $\cdots$	9056,39100 $\cdots$	$\cdots$
$\Delta_x^8 + 16h,\ x-24h$				1	200,333	6733,38611 $\cdots$	$\cdots$
$\Delta_x^{10} + 15h,\ x-25h$					1	200,41666 $\cdots$	$\cdots$
$\Delta_x^{12} + 14h,\ x-26h$						1	$\cdots$
$\Delta_x^{14} + 13h,\ x-27h$							1$+\cdots$

$h^3 f'''$	$+ h^5 f^V$	$+ h^7 f^{VII}$	$+ h^9 f^{IX}$	$+ h^{11} f^{XI}$	$+ \cdots$
20	1335	26777,8333 $\cdots$	2 56194,1808 $\cdots$	14 32172,90565 $\cdots$	$\cdots$
	20	1336,666 $\cdots$	26889,1388 $\cdots$	2 84293,76322 $\cdots$	$\cdots$
		20	1338,333 $\cdots$	27000,58333 $\cdots$	$\cdots$
			20	1340	$\cdots$
				20	20$+\cdots$

±	$h^2 f''$	$+ h^4 f^{IV}$	$+ h^6 f^{VI}$	$+ h^8 f^{VIII}$	$+ h^{10} f^X$	$+ h^{12} f^{XII}$	$+ \cdots$
±	20,5	1436,70833 $\cdots$	30230,72361 11 $\cdots$	3 03146,3135 $\cdots$	17 74658,46050 $\cdots$	68 05462,67775 $\cdots$	$\cdots$
		20,5	1438,41666 66 $\cdots$	30350,50625	3 05669,5323 $\cdots$	18 00004,79710 $\cdots$	$\cdots$
			20,5	1440,125	30470,43125	3 08202,73783 $\cdots$	$\cdots$
				20,5	1441,83457	30590,49861 $\cdots$	$\cdots$
					20,5	1443,54166 $\cdots$	$\cdots$
						20,5	20,5$+\cdots$

Werte der Koeffizienten [···] in $\Delta^5_{x\pm nh} = \frac{[\cdots]}{5!} h^5 f^{V}(x) \pm \frac{[\cdots]}{6!} h^6 f^{VI}(x) + \cdots$.

x		$\frac{h^5 f^{V}}{5!}$	$\frac{h^6 f^{VI}}{6!}$	$\frac{h^7 f^{VII}}{7!}$	$\frac{h^8 f^{VIII}}{8!}$	$\frac{h^9 f^{IX}}{9}$	$\frac{h^{10} f^{X}}{10!}$	$\frac{h^{11} f^{XI}}{11!}$
	Δ^5_x −2h, x−3h	120	± 360	1680	± 5040	17640	± 52920	1 68960
	x− h, − 4	„	± 1080	6720	± 35280	1 68840	± 7 63560	33 29040
	x , − 5	„	± 1800	16800	± 1 26000	8 34120	± 51 03000	296 07600
	x+ h, − 6	„	± 2520	31920	± 3 17520	27 39240	± 215 38440	1588 38240
	2 , − 7	„	± 3240	52080	± 6 50160	69 72840	± 676 09080	6105 63360
	3 , − 8	„	± 3960	77280	± 11 64240	149 86440	± 1735 54920	18637 84560
	4 , − 9	„	± 4680	1 07520	± 19 00080	285 94440	± 3859 45560	48166 29840
	5 , −10	„	± 5400	1 42800	± 28 98000	499 74120	± 7713 09000	1 09859 37600
	6 , −11	„	± 6120	1 83120	± 41 98320	816 65640	± 14197 60440	2 27467 57440
x+10h	7 , −12	„	± 6840	2 28480	± 58 41360	1265 72040	± 24486 31080	4 36117 67760
	8 , −13	„	± 7560	2 78880	± 78 67440	1879 59240	± 40060 96920	7 85506 10160
	9 , −14	„	± 8280	3 34320	± 103 16880	2694 56040	± 62748 07560	13 43491 40640
	10 , −15	„	± 9000	3 94800	± 132 30000	3750 54120	± 94755 15000	22 00085 97600
	11 , −16	„	± 9720	4 60320	± 166 47120	5091 08040	± 1 38707 02440	34 71846 86640
	12 , −17	„	±10440	5 30880	± 206 08560	6763 35240	± 1 97682 13080	53 06665 82160
	13 , −18	„	±11160	6 06480	± 251 54640	8818 16040	± 2 75248 78920	78 88958 45760
	14 , −19	„	±11880	6 87120	± 303 25680	11309 93640	± 3 75501 45060	114 45252 61440
	15 , −20	„	±12600	7 72800	± 361 62000	14296 74120	± 5 03097 34500	162 50175 87600
	16 , −21	„	±13320	8 63520	± 427 03920	17840 26440	± 6 63291 50940	226 32842 25840
x+20h	17 , −22	„	±14040	9 59280	± 499 91760	22005 82440	± 8 61975 59580	309 83638 06560
	18 , −23	„	±14760	10 60080	± 580 65840	26862 36840	± 11 05711 00920	417 61406 91360
	19 , −24	„	±15480	11 65920	± 669 66480	32482 47240	± 14 01767 71560	555 01033 92240
	20 , −25	„	±16200	12 76800	± 767 34000	38942 43120	± 17 58159 27000	728 21429 07600
	21 , −26	„	±16920	13 92720	± 874 08720	46321 80840	± 21 83679 46440	944·33909 75040
	22 , −27	„	±17640	15 13680	± 990 30960	54704 33640	± 26 87938 57080	1211 50982 40960
	23 , −28	„	±18360	16 39680	± 1116 41040	64177 01640	± 32 81399 62920	1538 95523 46960
	24 , −29	„	±19080	17 70720	± 1252 79280	74830 56840	± 39 75414 73560	1937 10359 33040
	25 , −30	„	±19800	19 06800	± 1399 86000	86759 34120	± 47 82261 33000	2417 68245 57600
	26 , −31	„	±20520	20 47920	± 1558 01520	1 00061 31240	± 57 15178 48440	2993 82245 34240
x+30h	27 , −32	„	±21240	21 94080	± 1727 66160	1 14838 08840	± 67 88403 19080	2680 16506 85360
	28 , −33	„	±21960	23 45280	± 1909 20240	1 31194 90440	± 80 17206 64920	4492 97440 12560
	29 , −34	„	±22680	25 01520	± 2103 04080	1·49240 62440	± 94 17930 55560	5450 25292 83840
	30 , −35	„	±23400	26 62800	± 2309 58000	1 69087 74120	± 110 08023 39000	6571 86125 37600
	31 , −36	„	±24120	28 29120	± 2529 22320	1 90852 37640	± 128 06076 70440	7879 64185 03440
	32 , −37	„	±24840	30 00480	± 2762 37360	2 14654 28040	± 148 31861 41080	9397 54679 39760
	33 , −38	„	±25560	31 76880	± 3009 43440	2 40616 83240	± 171 06364 06920	11151 76948 88160
	34 , −39	„	±26280	33 58320	± 3270 80880	2 68867 04040	± 196 51823 17560	13170 88038 44640
	35 , −40	„	±27000	35 44800	± 3546 90000	2 99535 54120	± 224 91765 45000	15485 96668 47600
	36 , −41	„	±27720	37 36320	± 3838 11120	3 32756 60040	± 256 51042 12440	18130 77604 82640
x+40h	37 , −42	„	±28440	39 32880	± 4144 84560	3 68668 11240	± 291 55865 23080	21141 86428 04160
	38 , −43	„	±29160	41 34480	± 4467 50640	4 07411 60040	± 330 33843 88920	24558 74701 73760
	39 , −44	„	±29880	43 41120	± 4806 49680	4 49132 21640	± 373 14020 59560	28424 05540 15440
	40 , −45	„	±30600	45 52800	± 5162 22000	4 93978 74120	± 420 26907 51000	32783 69574 87600
	41 , −46	„	±31320	47 69520	± 5535 07920	5 42103 58440	± 472 04522 74440	37687 01320 71840
	42 , −47	„	±32040	49 91280	± 5925 47760	5 93662 78440	± 528 80426 65080	43186 95940 78560
	43 , −48	„	±32760	52 18080	± 6333 81840	6 48816 00840	± 590 89758 10920	49340 26410 69360
	44 , −49	„	±33480	54 49920	± 6760 50480	7 07726 55240	± 658 69270 81560	56207 61081 96240
	45 , −50	„	±34200	56 86800	± 7205 94000	7 70561 34120	± 732 57369 57000	63853 81644 57600
	46 , −51	„	±34920	59 28720	± 7670 52720	8 37490 92840	± 812 94146 56440	72348 01488 71040
x+50h	47 , −52	„	±35640	61 75680	± 8154 66960	9 08689 49640	± 900 21417 67080	81763 84465 62960
	48 , −53	„	±36360	64 27680	± 8658 77040	9 84334 85640	± 994 82758 72920	92179 64047 74960
	49 , −54	„	±37080	66 84720	± 9183 23280	10 64608 44840	±1097 23541 83560	1 03678 62887 87040
	50 , −55	„	±37800	69 46800	± 9728 46000	11 49695 34120	±1207 90971 63000	1 16349 12777 57600
	51 , −56	„	±38520	72 13920	±10294 85520	12 39784 23240	±1327 34121 58440	1 30284 75004 80240
	52 , −57	„	±39240	74 86080	±10882 82160	13 35067 44840	±1456 03970 29080	1 45584 61110 57360
	53 , −58	„	±39960	77 63280	±11492 76240	14 35740 94440	±1594 53437 74920	1 62353 54044 90560

	$h^2 f''$	$+ h^4 f^{IV}$	$+ h^6 f^{VI}$	$+ h^8 f^{VIII}$	$+ h^{10} f^{X}$	$+ h^{12} f^{XII}$	+ ···
$\Delta^2_{x+29h,\, x-31h}$	1	450,08333 ···	33787,50277 ···	10 15313,75004 ···	163 56790,20089 ···	1640 82055,24578 ···	···
$\Delta^4_{x+28h,\, x-32h}$		1	450,1666 ···	33825,012 ···	10 18130,625 ···	164 41493,55656 ···	···
$\Delta^6_{x+27h,\, x-33h}$			1	450,25	33862,529 ···	10 20950,6271 ···	···
$\Delta^8_{x+26h,\, x-34h}$				1	450,333 ···	33900,052 ···	···
$\Delta^{10}_{x+25h,\, x-35h}$					1	450,416 ···	···
$\Delta^{12}_{x+24h,\, x-36h}$						1	···
$\Delta^{14}_{x+23h,\, x-37h}$							1+ ···

Werte der Koeffizienten [···] in
$$\Delta^{10}_{x\pm nh} = \frac{[\cdots]}{10!}\, h^{10} f^{X}(x) \pm \frac{[\cdots]}{11!}\, h^{11} f^{XI}(x) + \cdots$$

$\dfrac{h^{12} f^{XII}}{12!}$
± 5 06880
± 141 60960
± 1655 28000
± 11185 57440
± 52336 62720
± 1 89228 12480
± 5 66811 27360
± 14 72739 84000
± 34 25586 27840
± 72 94192 96320
± 144 52948 54080
± 269 77779 41760
± 478 87646 40000
± 814 36336 50240
± 1334 59339 93920
± 2117 80602 31680
± 3266 83942 04160
± 4914 53922 96000
± 7229 90972 24640
± 10425 05533 55520
± 14762 96045 45280
± 20566 15535 14560
± 28226 31617 52000
± 38214 84689 51040
± 51094 49109 81120
± 67532 02153 94880
± 88312 05534 72960
± 1 14352 04278 08000
± 1 46718 47744 29440
± 1 86644 37584 70720
± 2 35548 07423 80480
± 2 95053 39056 79360
± 3 67011 19952 64000
± 4 53522 46852 59840
± 5 56962 80254 24320
± 6 80008 54571 02080
± 8 25664 48757 33760
± 9 97293 22189 20000
± 11 98646 20590 42240
± 14 33896 56794 41920
± 17 07673 71131 59680
± 20 25099 76232 36160
± 23 91827 91035 76000
± 28 14082 68793 76640
± 32 98702 23861 23520
± 38 53182 62061 53280
± 44 85724 19417 86560
± 52 05280 14040 32000
± 60 21607 15958 63040
± 69 45318 39690 69120
± 79 87938 64336 82880
± 91 61961 85989 84960
±104 80911 07250 88000
±119 59400 68641 01440
±136 13201 26698 78720
±154 59306 83553 48480

x		$\dfrac{h^{10} f^{X}}{10!}$	$\dfrac{h^{11} f^{XI}}{11!}$	$\dfrac{h^{12} f^{XII}}{12!}$
	Δ^{10}_{x-5h}	36 28800	0	1995 84000
	− 4 , x − 6h	"	± 399 16800	4390 84800
	− 3 , − 7	"	± 798 33600	11575 87200
	− 2 , − 8	"	± 1197 50400	23550 91200
	− 1 , − 9	"	± 1596 67200	40315 96800
	Δ^{10}_{x} , −10	"	± 1995 84000	61871 04000
	x + h , −11	"	± 2395 00800	88216 12800
	2 , −12	"	± 2794 17600	1 19351 23200
	3 , −13	"	± 3193 34400	1 55276 35200
	4 , −14	"	± 3592 51200	1 95991 48800
x + 10 h	5 , −15	"	± 3991 68000	2 41496 64000
	6 , −16	"	± 4390 84800	2 91791 80800
	7 , −17	"	± 4790 01600	3 46876 99200
	8 , −18	"	± 5189 18400	4 06752 19200
	9 , −19	"	± 5588 35200	4 71417 40800
	10 , −20	"	± 5987 52000	5 40872 64000
	11 , −21	"	± 6386 68800	6 15117 88800
	12 , −22	"	± 6785 85600	6 94153 15200
	13 , −23	"	± 7185 02400	7 77978 43200
	14 , −24	"	± 7584 19200	8 66593 72800
x + 20 h	15 , −25	"	± 7983 36000	9 59999 04000
	16 , −26	"	± 8382 52800	10 58194 36800
	17 , −27	"	± 8781 69600	11 61179 71200
	18 , −28	"	± 9180 86400	12 68955 07200
	19 , −29	"	± 9580 03200	13 81520 44800
	20 , −30	"	± 9979 20000	14 98875 84000
	21 , −31	"	±10378 36800	16 21021 24800
	22 , −32	"	±10777 53600	17 47956 67200
	23 , −33	"	±11176 70400	18 79682 11200
	24 , −34	"	±11575 87200	20 16197 56800
x + 30 h	25 , −35	"	±11975 04000	21 57503 04000
	26 , −36	"	±12374 20800	23 03598 52800
	27 , −37	"	±12773 37600	24 54484 03200
	28 , −38	"	±13172 54400	26 10159 55200
	29 , −39	"	±13571 71200	27 70625 08800
	30 , −40	"	±13970 88000	29 35880 64000
	31 , −41	"	±14370 04800	31 05926 20800
	32 , −42	"	±14769 21600	32 80761 79200
	33 , −43	"	±15168 38400	34 60387 39200
	34 , −44	"	±15567 55200	36 44803 00800
x + 40 h	35 , −45	"	±15966 72000	38 34008 64000
	36 , −46	"	±16365 88800	40 28004 28800
	37 , −47	"	±16765 05600	42 26789 95200
	38 , −48	"	±17164 22400	44 30365 63200
	39 , −49	"	±17563 39200	46 38731 32800
	40 , −50	"	±17962 56000	48 51887 04000
	41 , −51	"	±18361 72800	50 69832 76800
	42 , −52	"	±18760 89600	52 92568 51200
	43 , −53	"	±19160 06400	55 20094 27200
	44 , −54	"	±19559 23200	57 52410 04800
x + 50 h	45 , −55	"	±19958 40000	59 89515 84000
	46 , −56	"	±20357 56800	62 31411 64800
	47 , −57	"	±20756 73600	64 78097 47200
	48 , −58	"	±21155 90400	67 29573 31200

	$h^3 f'''$	$+ h^5 f^{V}$	$+ h^7 f^{VII}$	$+ h^9 f^{IX}$	$+ h^{11} f^{XI}$	$+ \cdots$
±	30	450,25	2 02875,08333 ···	43 56173,21577 ···	546 03241,29465 ···	···
		30	4505	2 03250,375	43 73091,98115 ···	···
			30	4507,5	2 03625,875	···
				30	4510	···
					30	···
						30+ ···

Werte der Koeffizienten [···] in $\Delta^6_{x\pm nh} = \dfrac{[\cdots]}{6!}\, h^6 f^{VI}(x) \pm \dfrac{[\cdots]}{7!}\, h^7 f^{VII} + \cdots$

x		$\dfrac{h^6 f^{VI}}{6!}$	$\dfrac{h^7 f^{VII}}{7!}$	$\dfrac{h^8 f^{VIII}}{8!}$	$\dfrac{h^9 f^{IX}}{9!}$	$\dfrac{h^{10} f^{X}}{10!}$	$\dfrac{h^{11} f^{XI}}{11!}$	$\dfrac{h^{12} f^{XII}}{12!}$
x	$\Delta^6_{x-3h,\,x-3h}$	720	0	10080	0	1 05840	0	10 13760
	−2 , − 4	„	± 5040	30240	± 1 51200	7 10640	± 31 60080	136 54080
	−1 , − 5	„	± 10080	90720	± 6 65280	43 39440	± 262 78560	1513 67040
	Δ^6_{x} , − 6	„	± 15120	1 91520	± 19 05120	164 35440	± 1292 30640	9530 29440
	x+h , − 7	„	± 20160	3 32640	± 42 33600	460 70640	± 4517 25120	41151 05280
	2 , − 8	„	± 25200	5 14080	± 80 13600	1059 45840	± 12532 21200	1 36891 49760
	3 , − 9	„	± 30240	7 35840	± 136 08000	2123 90640	± 29528 45280	3 77583 14880
	4 , −10	„	± 35280	9 97920	± 213 79680	3853 63440	± 61693 07760	9 05928 56640
	5 , −11	„	± 40320	13 00320	± 316 91520	6484 51440	± 1 17608 19840	19 52846 43840
	6 , −12	„	± 45360	16 43040	± 449 06400	10288 70640	± 2 08650 10320	38 68606 68480
x+10h	7 , −13	„	± 50400	20 26080	± 613 87200	15574 65840	± 3 49388 42400	71 58755 57760
	8 , −14	„	± 55440	24 49440	± 814 96800	22687 10640	± 5 57985 30480	125 24830 87680
	9 , −15	„	± 60480	29 13120	± 1055 98080	32007 07440	± 8 56594 56960	209 09866 98240
	10 , −16	„	± 65520	34 17120	± 1340 53920	43951 87440	± 12 71760 89040	335 48690 10240
	11 , −17	„	± 70560	39 61440	± 1672 27200	58975 10640	± 18 34818 95520	520 23003 43680
	12 , −18	„	± 75600	45 46080	± 2054 80800	77566 65840	± 25 82292 63600	783 21262 37760
	13 , −19	„	± 80640	51 71040	± 2491 77600	1 00252 66140	± 35 56294 15680	1149 03339 72480
	14 , −20	„	± 85680	58 36320	± 2986 80480	1 27595 89440	± 48 04923 26160	1647 69980 91840
	15 , −21	„	± 90720	65 41920	± 3543 52320	1 60194 16440	± 63 82666 38240	2315 37049 28640
	16 , −22	„	± 95760	72 87840	± 4165 56000	1 98684 08640	± 83 50795 80720	3195 14561 30880
x+20h	17 , −23	„	±1 00800	80 74080	± 4856 54400	2 43735 41340	± 107 77768 84800	4337 90511 89760
	18 , −24	„	±1 05840	89 00640	± 5620 10400	2 96056 70640	± 137 39627 00880	5803 19489 69280
	19 , −25	„	±1 10880	97 67520	± 6459 86880	3 56391 55440	± 173 20395 15360	7660 16082 37440
	20 , −26	„	±1 15920	106 74720	± 7379 46720	4 25520 19440	± 216 12480 67440	9988 53071 99040
	21 , −27	„	±1 20960	116 22240	± 8382 52800	5 04259 10640	± 267 17072 65920	12879 64420 30080
	22 , −28	„	±1 26000	126 10080	± 9472 68000	5 93461 05840	± 327 44541 06000	16437 53044 13760
	23 , −29	„	±1 31040	136 38240	± 10653 55200	6 94015 10640	± 398 14835 86080	20780 03380 78080
	24 , −30	„	±1 36080	147 06720	± 11928 77280	8 06846 59440	± 480 57886 24560	26039 98743 35040
	25 , −31	„	±1 41120	158 15520	± 13301 97120	9 32917 15440	± 576 13999 76640	32366 43466 21440
	26 , −32	„	±1 46160	169 64640	± 14776 77600	10 73224 70640	± 686 34261 51120	39925 89840 41280
x+30h	27 , −33	„	±1 51200	181 54080	± 16356 81600	12 28803 45840	± 812 80933 27200	48903 69839 09760
	28 , −34	„	±1 56240	193 83840	± 18045 72000	14 00723 90640	± 957 27852 71280	59505 31632 98880
	29 , −35	„	±1 61280	206 53920	± 19847 11680	15 90092 83440	± 1121 60832 53760	71957 80895 84640
	30 , −36	„	±1 66320	219 64320	± 21764 63520	17 98053 31440	± 1307 78059 65840	86511 26899 95840
	31 , −37	„	±1 71360	233 15040	± 23801 90400	20 25784 70640	± 1517 90494 36320	1 03440 33401 64480
	32 , −38	„	±1 76400	247 06080	± 25962 55200	22 74502 65840	± 1754 22269 48400	1 23045 74316 77760
	33 , −39	„	±1 81440	261 37440	± 28250 20800	25 45459 10640	± 2019 11089 56480	1 45655 94186 31680
	34 , −40	„	±1 86480	276 09120	± 30668 50080	28 39942 27440	± 2315 08630 02960	1 71628 73431 86240
	35 , −41	„	±1 91520	291 21120	± 33221 05920	31 59276 67440	± 2644 80936 35040	2 01352 98401 22240
	36 , −42	„	±1 96560	306 73440	± 35911 51200	35 04823 10640	± 3011 08823 21520	2 35250 36203 99680
x+40h	37 , −43	„	±2 01600	322 66080	± 38743 48800	38 77978 65840	± 3416 88273 69600	2 73777 14337 17760
	38 , −44	„	±2 06640	338 99040	± 41720 61600	42 80176 70640	± 3865 30838 41680	3 17426 05100 76480
	39 , −45	„	±2 11680	355 72320	± 44846 52480	47 12886 91440	± 4359 64034 72160	3 66728 14803 39840
	40 , −46	„	±2 16720	372 85920	± 48124 84320	51 77615 23440	± 4903 31745 84240	4 22254 77758 00640
	41 , −47	„	±2 21760	390 39840	± 51559 20000	56 75903 90640	± 5499 94620 06720	4 84619 55067 46880
	42 , −48	„	±2 26800	408 34080	± 55153 22400	62 09331 45840	± 6153 30469 90800	5 54480 38200 29760
	43 , −49	„	±2 31840	426 68640	± 58910 54400	67 79512 70640	± 6867 34671 26880	6 32541 57356 33280
	44 , −50	„	±2 36880	445 43520	± 62834 78880	73 88098 75440	± 7646 20562 61360	7 19555 94622 45440
	45 , −51	„	±2 41920	464 58720	± 66929 58720	80 36776 99440	± 8494 19844 13440	8 16327 01918 31040
	46 , −52	„	±2 46960	484 14240	± 71198 56800	87 27271 10640	± 9415 82976 91920	9 23711 23732 06080
x+50h	47 , −53	„	±2 52000	504 10080	± 75645 36000	94 61341 05840	±10415 79582 12000	10 42620 24646 13760
	48 , −54	„	±2 57040	524 46240	± 80273 59200	102 40783 10640	±11498 98840 12080	11 74023 21653 02080
	49 , −55	„	±2 62080	545 22720	± 85086 89280	110 67429 79440	±12670 49889 70560	13 18949 21261 03040
	50 , −56	„	±2 67120	566 39520	± 90088 89120	119 43149 95440	±13935 62227 22640	14 78489 61390 13440
	51 , −57	„	±2 72160	587 96640	± 95283 21600	128 69848 70640	±15299 86105 77120	16 53800 58057 77280
	52 , −58	„	±2 77200	609 94080	±1 00673 49600	138 49467 45840	±16768 92934 33200	18 46105 56854 69760

	hf	$+h^3 f'''$	$+h^5 f^{V}$	$+h^7 f^{VII}$	$+h^9 f^{IX}$	$+h^{11} f^{XI}$	$+\cdots$
$\Delta_{x+40h,\,x-41h}$	1	820,1666 ···	1 12135,00833 ···	61 33784,50019 ···	1797 78258,36078 ···	32792 86709,26147 ···	···
$\Delta^{3}_{x+39h,\,x-42h}$		1	820,25	1 12203,35833 ···	61 43131,36251 ···	1802 89718,59595 ···	···
$\Delta^{5}_{x+38h,\,x-43h}$			1	820,333 ···	1 12271,71527 ···	61 52483,92089 ···	···
$\Delta^{7}_{x+37h,\,x-44h}$				1	820,41666 ···	1 12340,07916 ···	···
$\Delta^{9}_{x+36h,\,x-45h}$					1	820,5	···
$\Delta^{11}_{x+35h,\,x-46h}$						1	···
$\Delta^{13}_{x+34h,\,x-47h}$							1+···

Werte der Koeffizienten [⋯] in $\Delta^7_{x \pm n h} = \dfrac{[\cdots]}{7!}\, h^7 f^{VII}(x) \pm \dfrac{[\cdots]}{8!}\, h^8 f^{VIII}(x) + \cdots$.

x	$\dfrac{h^7 f^{VII}}{7!}$	$\dfrac{h^8 f^{VIII}}{8!}$	$\dfrac{h^9 f^{IX}}{9!}$	$\dfrac{h^{10} f^{X}}{10!}$	$\dfrac{h^{11} f^{XI}}{11!}$	$\dfrac{h^{12} f^{XII}}{12!}$
$\Delta^7_{x-3h,\ x-4h}$	5040	± 20160	1 51200	± 6 04800	31 60080	± 126 40320
− 2 , − 5	„	± 60480	5 14080	± 36 28800	231 18480	± 1377 12960
− 1 , − 6	„	± 1 00800	12 39840	± 120 96000	1029 52080	± 8016 62400
Δ^7_x , − 7	„	± 1 41120	23 28480	± 296 35200	3224 94480	± 31620 75840
x +h , − 8	„	± 1 81440	37 80000	± 598 75200	8014 96080	± 95740 44480
2 , − 9	„	± 2 21760	55 94400	± 1064 44800	16996 24080	± 2 40691 65120
3 , −10	„	± 2 62080	77 71680	± 1729 72800	32164 62480	± 5 28345 41760
4 , −11	„	± 3 02400	103 11840	± 2630 88000	55915 12080	± 10 46917 87200
5 , −12	„	± 3 42720	132 14880	± 3804 19200	91041 90480	± 19 15760 24640
6 , −13	„	± 3 83040	164 80800	± 5285 95200	1 40738 32080	± 32 90148 89280
x + 10 h						
7 , −14	„	± 4 23360	201 09600	± 7112 44800	2 08596 88080	± 53 66075 29920
8 , −15	„	± 4 63680	241 01280	± 9319 96800	2 98609 26480	± 83 85036 10560
9 , −16	„	± 5 04000	284 55840	± 11944 80000	4 15166 32080	± 126 38823 12000
10 , −17	„	± 5 44320	331 73280	± 15023 23200	5 63058 06480	± 184 74313 33440
11 , −18	„	± 5 84640	382 53600	± 18591 55200	7 47473 68080	± 262 98258 94080
12 , −19	„	± 6 24960	436 96800	± 22686 00300	9 74001 52080	± 365 82077 34720
13 , −20	„	± 6 65280	495 02880	± 27343 23300	12 48629 10480	± 498 66641 19360
14 , −21	„	± 7 05600	556 71840	± 32598 27000	15 77743 12080	± 667 67068 36800
15 , −22	„	± 7 45920	622 03680	± 38489 92200	19 68129 42480	± 879 77512 02240
16 , −23	„	± 7 86240	690 98400	± 45051 32700	24 26973 04080	± 1142 75950 58880
x + 20 h						
17 , −24	„	± 8 26560	763 56000	± 52321 29300	29 61858 16080	± 1465 28977 79520
18 , −25	„	± 8 66880	839 76480	± 60334 84800	35 80768 14480	± 1856 96592 68160
19 , −26	„	± 9 07200	919 59840	± 69128 64000	42 92085 52080	± 2328 36989 61600
20 , −27	„	± 9 47520	1003 06080	± 78738 91200	51 04591 98480	± 2891 11348 31040
21 , −28	„	± 9 87840	1090 15200	± 89201 95200	60 27468 40080	± 3557 88623 83680
22 , −29	„	±10 28160	1180 87200	±1 00554 04800	70 70294 80080	± 4342 50336 64320
23 , −30	„	±10 68480	1275 22080	±1 12831 48800	82 43050 38480	± 5259 95362 56960
24 , −31	„	±11 08800	1373 19840	±1 26070 56000	95 56113 52080	± 6326 44722 86400
25 , −32	„	±11 49120	1474 80480	±1 40307 55200	110 20261 74480	± 7559 46374 19840
26 , −33	„	±11 89440	1580 04000	±1 55578 75200	126 46671 76080	± 8977 79998 68480
x + 30 h						
27 , −34	„	±12 29760	1688 90400	±1 71920 44800	144 46919 44080	± 10601 61793 89120
28 , −35	„	±12 70080	1801 39680	±1 89368 92800	164 32979 82480	± 12452 49262 85760
29 , −36	„	±13 10400	1917 51840	±2 07960 48000	186 17227 12080	± 14553 46004 11200
30 , −37	„	±13 50720	2037 26880	±2 27731 39200	210 12434 70480	± 16929 06501 68640
31 , −38	„	±13 91040	2160 64800	±2 48717 95200	236 31775 12080	± 19605 40915 13280
32 , −39	„	±14 31360	2287 65600	±2 70956 44800	264 88820 08080	± 22610 19869 53920
33 , −40	„	±14 71680	2418 29280	±2 94483 16800	295 97540 46480	± 25972 79245 54560
34 , −41	„	±15 12000	2552 55840	±3 19334 40000	329 72306 32080	± 29724 24969 36000
35 , −42	„	±15 52320	2690 45280	±3 45546 43200	366 27886 86480	± 33897 37802 77440
36 , −43	„	±15 92640	2831 97600	±3 73155 55200	405 79450 48080	± 38526 78133 18080
x + 40 h						
37 , −44	„	±16 32960	2977 12800	±4 02198 04800	448 42564 72080	± 43648 90763 58720
38 , −45	„	±16 73280	3125 90880	±4 32710 20800	494 33196 30480	± 49302 09702 63360
39 , −46	„	±17 13600	3278 31840	±4 64728 32000	543 67711 12080	± 55526 62954 60800
40 , −47	„	±17 53920	3434 35680	±4 98288 67200	596 62874 22480	± 62364 77309 46240
41 , −48	„	±17 94240	3594 02400	±5 33427 55200	653 35849 84080	± 69860 83132 82880
42 , −49	„	±18 34560	3757 32000	±5 70181 24800	714 04201 36080	± 78061 19156 03520
43 , −50	„	±18 74880	3924 24480	±6 08586 04800	778 85891 34480	± 87014 37266 12160
44 , −51	„	±19 15200	4094 79840	±6 48678 24000	847 99281 52080	± 96771 07295 85600
45 , −52	„	±19 55520	4268 98080	±6 90494 11200	921 63132 78480	±1 07384 21813 75040
46 , −53	„	±19 95840	4446 79200	±7 34069 95200	999 96605 20080	±1 18909 00914 07680
x + 50 h						
47 , −54	„	±20 36160	4628 23200	±7 79442 04800	1083 19258 00080	±1 31402 97006 88320
48 , −55	„	±20 76480	4813 30080	±8 26646 68800	1171 51049 58480	±1 44925 99608 00960
49 , −56	„	±21 16800	5001 99840	±8 75720 16000	1265 12337 52080	±1 59540 40129 10400
50 , −57	„	±21 57120	5194 32480	±9 26698 75200	1364 23878 54480	±1 75310 96667 63840
51 , −58	„	±21 97440	5390 28000	±9 79618 75200	1469 06828 56080	±1 92304 98796 92480

	$h^2 f''$	$+\ h^4 f^{IV}$	$+\ h^6 f^{VI}$	$+\ h^8 f^{VIII}$	$+\ h^{10} f^{X}$	$+\ h^{12} f^{XII}$	$+\ \cdots$
$\pm$	40,5	11073,375	9 08478,1125 ⋯	354 99137,62700 8 ⋯	8093 30718,18573 ⋯	1 20798 64243,38913 ⋯	⋯
		40,5	11076,75	9 09401,00625	355 74874,89699 ⋯	8122 91503,75426 ⋯	⋯
			40,5	11080,125	9 10324,18125	356 50689,08571 ⋯	⋯
				40,5	11083,5	9 11247,6375	⋯
					40,5	11086,875	⋯
						40,5	40,5+ ⋯

Werte der Koeffizienten [···] in

$$\Delta^8_{x \pm n h} = \frac{[\cdots]}{8!} h^8 f^{VIII}(x) \pm \frac{[\cdots]}{9!} h^9 f^{IX}(x) + \cdots$$

Werte der Koeffizienten [···] in

$$\Delta^{12}_{x \pm n h} = \frac{[\cdots]}{12!} h^{12} f^{XII}(x) \pm \cdots$$

	x	$\frac{h^8 f^{VIII}}{8!}$	$\frac{h^9 f^{IX}}{9!}$	$\frac{h^{10} f^{X}}{10!}$	$\frac{h^{11} f^{XI}}{11!}$	$\frac{h^{12} f^{XII}}{12!}$
x	Δ^8_x-4h	40320	0	12 09600	0	252 80640
	− 3 ,x−5h	„	± 3 62880	30 24000	± 199 58400	1250 72640
	− 2 , − 6	„	± 7 25760	84 67200	± 798 33600	6639 49440
	− 1 , − 7	„	± 10 88640	175 39200	± 2195 42400	23604 13440
	Δ^8_x , − 8	„	± 14 51520	302 40000	± 4790 01600	64119 68640
	x+h , − 9	„	± 18 14400	465 69600	± 8981 28000	1 44951 20640
	2 , −10	„	± 21 77280	665 28000	± 15168 38400	2 87653 76640
	3 , −11	„	± 25 40160	901 15200	± 23750 49600	5 18572 45440
	4 , −12	„	± 29 03040	1173 31200	± 35126 78400	8 68842 37440
	5 , −13	„	± 32 65920	1481 76000	± 49696 41600	13 74388 64640
x+10h	6 , −14	„	± 36 28800	1826 49600	± 67858 56000	20 75926 40640
	7 , −15	„	± 39 91680	2207 52000	± 90012 38400	30 18960 80640
	8 , −16	„	± 43 54560	2624 83200	± 1 16557 05600	42 53787 01440
	9 , −17	„	± 47 17440	3078 43200	± 1 47891 74400	58 35490 21440
	10 , −18	„	± 50 80320	3568 32000	± 1 84415 61600	78 23945 60640
	11 , −19	„	± 54 43200	4094 49600	± 2 26527 84000	102 83818 40640
	12 , −20	„	± 58 06080	4656 96000	± 2 74627 58400	132 84563 84640
	13 , −21	„	± 61 68960	5255 71200	± 3 29114 01600	169 00427 17440
	14 , −22	„	± 65 31840	5890 75200	± 3 90386 30400	212 10443 65440
	15 , −23	„	± 68 94720	6562 08000	± 4 58843 61600	262 98438 56640
x+20h	16 , −24	„	± 72 57600	7269 69600	± 5 34885 12000	322 53027 20640
	17 , −25	„	± 76 20480	8013 60000	± 6 18909 98400	391 67614 88640
	18 , −26	„	± 79 83360	8793 79200	± 7 11317 37600	471 40396 93440
	19 , −27	„	± 83 46240	9610 27200	± 8 12506 46400	562 74358 69440
	20 , −28	„	± 87 09120	10463 04000	± 9 22876 41600	666 77275 52640
	21 , −29	„	± 90 72000	11352 09600	±10 42826 40000	784 61712 80640
	22 , −30	„	± 94 34880	12277 44000	±11 72755 58400	917 45025 92640
	23 , −31	„	± 97 97760	13239 07200	±13 13063 13600	1066 49360 29440
	24 , −32	„	±101 60640	14236 99200	±14 64148 22400	1233 01651 33440
	25 , −33	„	±105 23520	15271 20000	±16 26410 01600	1418 33624 48640
x+30h	26 , −34	„	±108 86400	16341 69600	±18 00247 68000	1623 81795 20640
	27 , −35	„	±112 49280	17448 48000	±19 86060 38400	1850 87468 96640
	28 , −36	„	±116 12160	18591 55200	±21 84247 29600	2100 96741 25440
	29 , −37	„	±119 75040	19770 91200	±23 95207 58400	2375 60497 57440
	30 , −38	„	±123 37920	20986 56000	±26 19340 41600	2676 34413 44640
	31 , −39	„	±127 00800	22238 49600	±28 57044 96000	3004 78954 40640
	32 , −40	„	±130 63680	23526 72000	±31 08720 38400	3362 59376 00640
	33 , −41	„	±134 26560	24851 23200	±33 74765 85600	3751 45723 81440
	34 , −42	„	±137 89440	26212 03200	±36 55580 54400	4173 12833 41440
	35 , −43	„	±141 52320	27609 12000	±39 51563 61600	4629 40330 40640
x+40h	36 , −44	„	±145 15200	29042 49600	±42 63114 24000	5122 12630 40640
	37 , −45	„	±148 78080	30512 16000	±45 90631 58400	5653 18939 04640
	38 , −46	„	±152 40960	32018 11200	±49 34514 81600	6224 53251 97440
	39 , −47	„	±156 03840	33560 35200	±52 95163 10400	6838 14354 85440
	40 , −48	„	±159 66720	35138 88000	±56 72975 61600	7496 05823 36640
	41 , −49	„	±163 29600	36753 69600	±60 68351 52000	8200 36023 20640
	42 , −50	„	±166 92480	38404 80000	±64 81689 98400	8953 18110 08640
	43 , −51	„	±170 55360	40092 19200	±69 13390 17600	9756 70029 73440
	44 , −52	„	±174 18240	41815 87200	±73 63851 26400	10613 14517 89440
	45 , −53	„	±177 81120	43575 84000	±78 33472 41600	11524 79100 32640
x+50h	46 , −54	„	±181 44000	45372 09600	±83 22652 80000	12493 96092 80640
	47 , −55	„	±185 06880	47204 64000	±88 31791 58400	13523 02601 12640
	48 , −56	„	±188 69760	49073 47200	±93 61287 93600	14614 40521 09440
	49 , −57	„	±192 32640	50978 59200	±99 11541 02400	15770 56538 53440

	x	$\frac{h^{12} f^{XII}}{12!}$
x	Δ^{12}_x-6h	4790 01600
	−5 ,x−7h	„
	−4 , − 8	„
	−3 , − 9	„
	−2 , −10	„
	−1 , −11	„
	Δ^{12}_x , −12	„
	x +h, −13	„
	2 , −14	„
	3 , −15	„
x+10h	4 , −16	„
	5 , −17	„
	6 , −18	„
	7 , −19	„
	8 , −20	„
	9 , −21	„
	10 , −22	„
	11 , −23	„
	12 , −24	„
	13 , −25	„
x+20h	14 , −26	„
	15 , −27	„
	16 , −28	„
	17 , −29	„
	18 , −30	„
	19 , −31	„
	20 , −32	„
	21 , −33	„
	22 , −34	„
	23 , −35	„
x+30h	24 , −36	„
	25 , −37	„
	26 , −38	„
	27 , −39	„
	28 , −40	„
	29 , −41	„
	30 , −42	„
	31 , −43	„
	32 , −44	„
	33 , −45	„
x+40h	34 , −46	„
	35 , −47	„
	36 , −48	„
	37 , −49	„
	38 , −50	„
	39 , −51	„
	40 , −52	„
	41 , −53	„
	42 , −54	„
	43 , −55	„
x+50h	44 , −56	„
	45 , −57	„
	46 , −58	„
	47 , −59	„
	48 , −60	„

	$h^2 f''$	$+ h^4 f^{IV}$	$+ h^6 f^{VI}$	$+ h^8 f^{VIII}$	$+ h^{10} f^{X}$	$+ h^{12} f^{XII}$	$+ \cdots$
$\Delta^2_{x+39h,\ x-41h}$	I	800,08333 ···	1 06733,33 ···	56 97780,00004 ···	1630 14052,94973 ···	29031 55137,56657 ···	···
$\Delta^4_{x+38h,\ x-42h}$		I	800,166 ···	1 06800,0125 ···	57 06676,66722 ···	1634 89164,47091 ···	···
$\Delta^6_{x+37h,\ x-43h}$			I	800,25	1 06866,69583 ···	57 15578,89100 ···	···
$\Delta^8_{x+36h,\ x-44h}$				I	800,333 ···	1 06933,386 ···	···
$\Delta^{10}_{x+35h,\ x-45h}$					I	800,416 ···	···
$\Delta^{12}_{x+34h,\ x-46h}$						I	···
$\Delta^{14}_{x+33h,\ x-47h}$							I+ ···

Werte der Koeffizienten [⋯] in
$$\Delta^{9}_{x \pm n h} = \frac{[\cdots]}{9!}\, h^{9} f^{IX}(x) \pm \frac{[\cdots]}{10!}\, h^{10} f^{X}(x) + \cdots$$

x	$\dfrac{h^{9} f^{IX}}{9!}$	$\dfrac{h^{10} f^{X}}{10!}$	$\dfrac{h^{11} f^{XI}}{11!}$	$\dfrac{h^{12} f^{XII}}{12!}$
$\Delta^{9}_{x}-4h,\ x-5h$	3 62880	± 18 14400	199 58400	± 997 92000
− 3 , − 6	„	± 54 43200	598 75200	± 5388 76800
− 2 , − 7	„	± 90 72000	1397 08800	± 16964 64000
− 1 , − 8	„	± 127 00800	2594 59200	± 40515 55200
Δ^{9}_{x} , − 9	„	± 163 29600	4191 26400	± 80831 52000
x+h , −10	„	± 199 58400	6187 10400	± 1 42702 56000
2 , −11	„	± 235 87200	8582 11200	± 2 30918 68800
3 , −12	„	± 272 16000	11376 28800	± 3 50269 92000
4 , −13	„	± 308 44800	14569 63200	± 5 05546 27200
5 , −14	„	± 344 73600	18162 14400	± 7 01537 76000
6 , −15	„	± 381 02400	22153 82400	± 9 43034 40000
7 , −16	„	± 417 31200	26544 67200	± 12 34826 20800
8 , −17	„	± 453 60000	31334 68800	± 15 81703 20000
9 , −18	„	± 489 88800	36523 87200	± 19 88455 39200
10 , −19	„	± 526 17600	42112 22400	± 24 59872 80000
11 , −20	„	± 562 46400	48099 74400	± 30 00745 44000
12 , −21	„	± 598 75200	54486 43200	± 36 15863 32800
13 , −22	„	± 635 04000	61272 28800	± 43 10016 48000
14 , −23	„	± 671 32800	68457 31200	± 50 87994 91200
15 , −24	„	± 707 61600	76041 50400	± 59 54588 64000
16 , −25	„	± 743 90400	84024 86400	± 69 14587 68000
17 , −26	„	± 780 19200	92407 39200	± 79 72782 04800
18 , −27	„	± 816 48000	1 01189 08800	± 91 33961 76000
19 , −28	„	± 852 76800	1 10369 95200	± 104 02916 83200
20 , −29	„	± 889 05600	1 19949 98400	± 117 84437 28000
21 , −30	„	± 925 34400	1 29929 18400	± 132 83313 12000
22 , −31	„	± 961 63200	1 40307 55200	± 149 04334 36800
23 , −32	„	± 997 92000	1 51085 08800	± 166 52291 04000
24 , −33	„	±1034 20800	1 62261 79200	± 185 31973 15200
25 , −34	„	±1070 49600	1 73837 66400	± 205 48170 72000
26 , −35	„	±1106 78400	1 85812 70400	± 227 05673 76000
27 , −36	„	±1143 07200	1 98186 91200	± 250 09272 28800
28 , −37	„	±1179 36000	2 10960 28800	± 274 63756 32000
29 , −38	„	±1215 64800	2 24132 83200	± 300 73915 87200
30 , −39	„	±1251 93600	2 37704 54400	± 328 44540 96000
31 , −40	„	±1288 22400	2 51675 42400	± 357 80421 60000
32 , −41	„	±1324 51200	2 66045 47200	± 388 86347 80800
33 , −42	„	±1360 80000	2 80814 68800	± 421 67109 60000
34 , −43	„	±1397 08800	2 95983 07200	± 456 27496 99200
35 , −44	„	±1433 37600	3 11550 62400	± 492 72300 00000
36 , −45	„	±1469 66400	3 27517 34400	± 531 06308 64000
37 , −46	„	±1505 95200	3 43883 23200	± 571 34312 92800
38 , −47	„	±1542 24000	3 60648 28800	± 613 61102 88000
39 , −48	„	±1578 52800	3 77812 51200	± 657 91468 51200
40 , −49	„	±1614 81600	3 95375 90400	± 704 30199 84000
41 , −50	„	±1651 10400	4 13338 46400	± 752 82086 88000
42 , −51	„	±1687 39200	4 31700 19200	± 803 51919 64800
43 , −52	„	±1723 68000	4 50461 08800	± 856 44488 16000
44 , −53	„	±1759 96800	4 69621 15200	± 911 64582 43200
45 , −54	„	±1796 25600	4 89180 38400	± 969 16992 48000
46 , −55	„	±1832 54400	5 09138 78400	±1029 06508 32000
47 , −56	„	±1868 83200	5 29496 35200	±1091 37919 96800
48 , −57	„	±1905 12000	5 50253 08800	±1156 16017 44000
49 , −58	„	±1941 40800	5 71408 99200	±1223 45590 75200
50 , −59	„	±1977 69600	5 92964 06400	±1293 31429 92000

Randmarken der x-Spalte: x + 10 h, x + 20 h, x + 30 h, x + 40 h, x + 50 h.

Werte der Koeffizienten [⋯] in
$$\Delta^{11}_{x \pm n h} = \frac{[\cdots]}{11!}\, h^{11} f^{XI}(x) \pm \frac{[\cdots]}{12!}\, h^{12} f^{XII}(x) + \cdots$$

x	$\dfrac{h^{11} f^{XI}}{11!}$	$\dfrac{h^{12} f^{XII}}{12!}$
$\Delta^{11}_{x}-5h,\ x-6h$	399 16800	± 2395 00800
− 4 , − 7	„	± 7185 02400
− 3 , − 8	„	± 11975 04000
− 2 , − 9	„	± 16765 05600
− 1 , −10	„	± 21555 07200
Δ^{11}_{x} , −11	„	± 26345 08800
x+h , −12	„	± 31135 10400
2 , −13	„	± 35925 12000
3 , −14	„	± 40715 13600
4 , −15	„	± 45505 15200
5 , −16	„	± 50295 16800
6 , −17	„	± 55085 18400
7 , −18	„	± 59875 20000
8 , −19	„	± 64665 21600
9 , −20	„	± 69455 23200
10 , −21	„	± 74245 24800
11 , −22	„	± 79035 26400
12 , −23	„	± 83825 28000
13 , −24	„	± 88615 29600
14 , −25	„	± 93405 31200
15 , −26	„	± 98195 32800
16 , −27	„	±1 02985 34400
17 , −28	„	±1 07775 36000
18 , −29	„	±1 12565 37600
19 , −30	„	±1 17355 39200
20 , −31	„	±1 22145 40800
21 , −32	„	±1 26935 42400
22 , −33	„	±1 31725 44000
23 , −34	„	±1 36515 45600
24 , −35	„	±1 41305 47200
25 , −36	„	±1 46095 48800
26 , −37	„	±1 50885 50400
27 , −38	„	±1 55675 52000
28 , −39	„	±1 60465 53600
29 , −40	„	±1 65255 55200
30 , −41	„	±1 70045 56800
31 , −42	„	±1 74835 58400
32 , −43	„	±1 79625 60000
33 , −44	„	±1 84415 61600
34 , −45	„	±1 89205 63200
35 , −46	„	±1 93995 64800
36 , −47	„	±1 98785 66400
37 , −48	„	±2 03575 68000
38 , −49	„	±2 08365 69600
39 , −50	„	±2 13155 71200
40 , −51	„	±2 17945 72800
41 , −52	„	±2 22735 74400
42 , −53	„	±2 27525 76000
43 , −54	„	±2 32315 77600
44 , −55	„	±2 37105 79200
45 , −56	„	±2 41895 80800
46 , −57	„	±2 46685 82400
47 , −58	„	±2 51475 84000
48 , −59	„	±2 56265 85600
49 , −60	„	±2 61055 87200

Randmarken der x-Spalte: x + 10 h, x + 20 h, x + 30 h, x + 40 h, x + 50 h.

	$h^{3} f'''$	$+\ h^{5} f^{V}$	$+\ h^{7} f^{VII}$	$+\ h^{9} f^{IX}$	$+\ h^{11} f^{XI}$	$+ \cdots$
±	40	10670	8 54222,333 ⋯	325 79077,25066 ⋯	7226 04743,83519 ⋯	⋯
		40	10673,333 ⋯	8 55111,6111 ⋯	326 50292,08597 ⋯	⋯
			40	10676,666 ⋯	8 56001,1666 ⋯	⋯
				40	10680	⋯
					40	⋯
						40 + ⋯

	hf	$+\,h^3f'''$	$+\,h^5f^{\mathrm{V}}$	$+\,h^7f^{\mathrm{VII}}$	$+\,h^9f^{\mathrm{IX}}$	$+\,h^{11}f^{\mathrm{XI}}$	$+\cdots$
$\Delta^1_{x+50h,\,x-51h}$	1	1275,166 ⋯	2 71043,75833 ⋯	230 47753,54186 5 ⋯	10500 44568,70163 96 ⋯	2 97707 00938,157 ⋯	⋯
$\Delta^3_{x+49h,\,x-52h}$		1	1275,25	2 71150,025	230 70344,06390 54 ⋯	10519 65967,79 ⋯	⋯
$\Delta^5_{x+48h,\,x-53h}$			1	1275,33 ⋯	2 71256,29861 ⋯	230 92943,44 ⋯	⋯
$\Delta^7_{x+47h,\,x-54h}$				1	1275,41666 ⋯	2 71362,57 ⋯	⋯
$\Delta^9_{x+46h,\,x-55h}$					1	1275,5	⋯
$\Delta^{11}_{x+45h,\,x-56h}$						1	⋯
							1+⋯

	h^2f''	$+\,h^4f^{\mathrm{IV}}$	$+\,h^6f^{\mathrm{VI}}$	$+\,h^8f^{\mathrm{VIII}}$	$+\,h^{10}f^{\mathrm{X}}$	$+\,h^{12}f^{\mathrm{XII}}$	$+\cdots$
$\pm$	50,5	21466,70833 33 ⋯	27 37899,72361 11 ⋯	1663 05668,90875 4 ⋯	58934 56191,47183 669 ⋯	13 67192 07985,15373 ⋯	⋯
		50,5	21470,91666 ⋯	27 39688,40291 ⋯	1665 33886,8513 ⋯	59073 22603,5 ⋯	⋯
			50,5	21475,125	27 41478,1395 ⋯	1667 62253,8 ⋯	⋯
				50,5	21479,333 ⋯	27 43267,8	⋯
					50,5	21483,5	⋯
						50,5	⋯
							50,5+⋯

	h^2f''	$+\,h^4f^{\mathrm{IV}}$	$+\,h^6f^{\mathrm{VI}}$	$+\,h^8f^{\mathrm{VIII}}$	$+\,h^{10}f^{\mathrm{X}}$	$+\,h^{12}f^{\mathrm{XII}}$	$+\cdots$
$\Delta^2_{x+49h,\,x-51h}$	1	1250,08333 ⋯	2 60520,83611 ⋯	217 23093,75004 96 ⋯	9706 21176,48396 2191 ⋯	2 69922 39182,89172 ⋯	⋯
$\Delta^4_{x+48h,\,x-52h}$		1	1250,1666 ⋯	2 60625,0125	217 44807,29222 88 ⋯	9724 32158,027 ⋯	⋯
$\Delta^6_{x+47h,\,x-53h}$			1	1250,25	2 60729,19583 ⋯	217 66529,516 ⋯	⋯
$\Delta^8_{x+46h,\,x-54h}$				1	1250,333 ⋯	2 60833,38 ⋯	⋯
$\Delta^{10}_{x+45h,\,x-55h}$					1	1250,41 ⋯	⋯
$\Delta^{12}_{x+44h,\,x-56h}$						1	⋯
							1+⋯

	h^3f'''	$+\,h^5f^{\mathrm{V}}$	$+\,h^7f^{\mathrm{VII}}$	$+\,h^9f^{\mathrm{IX}}$	$+\,h^{11}f^{\mathrm{XI}}$	$+\cdots$
$\pm$	50	20837,5	26 05902,91666 ⋯	1552 26992,39666 005 ⋯	53952 13639,1507 ⋯	⋯
		50	20841,666 ⋯	26 07639,51388 8 ⋯	1554 44208,8574 ⋯	⋯
			50	20845,833 ⋯	26 09376,4583 ⋯	⋯
				50	20850	⋯
					50	⋯
						50+⋯

D. Formeln für die höheren Differentialquotienten von einigen Funktionen [1].

(1) Für die einfachsten Funktionen gelten folgende Formeln:

$$D^n\left[(a+bx)^\mu\right] = \mu(\mu-1)(\mu-2)\cdots(\mu-\overline{n-1})\cdot b^n\cdot(a+bx)^{\mu-n};$$

spezieller für $\mu = -1$

$$D^n\left(\frac{1}{a+bx}\right) = \frac{(-1)^n\,1\cdot2\cdot3\cdots n\cdot b^n}{(a+bx)^{n+1}},$$

und für $\mu = -\frac{1}{2}$

$$D^n\left[\frac{1}{\sqrt{a+bx}}\right] = \frac{(-1)^n\cdot1\cdot3\cdot5\cdots(2n-1)\cdot b^n}{2^n(a+bx)^n\sqrt{a+bx}},$$

$$D^n\log_e(a+bx) = \frac{(-1)^{n-1}\cdot1\cdot2\cdot3\cdots(n-1)\cdot b^n}{(a+bx)^n},$$

$$D^n\left(e^{bx}\right) = b^n e^{bx},$$

$$D^n\sin x = \sin\left(\frac{n\pi}{2}+x\right),$$

$$D^n\cos x = \cos\left(\frac{n\pi}{2}+x\right).$$

---

[1] Vgl. O. Schlömilch: Höhere Analysis Bd. 1 (1904) S. 37.

C. Werte der Koeffizienten $\dfrac{[\cdots]}{m!}\,h,\ \dfrac{[\cdots]}{(m+1)!}\,h^2,\ \cdots$

$$(h = 0{,}01)$$

Linke Tafel:

$$\Delta_{\substack{x\\x-h}}:\quad \begin{bmatrix} 0{,}01000\ 00000\ 00000\ f' \\ +\ 01666\ 66667\ f''' \\ +\ 833\ f^{V} \\ +\ 0\ f^{VII} \\ \cdots \end{bmatrix} \pm \begin{bmatrix} 0{,}00005\ 00000\ 00000\ f'' \\ +\ 4\ 16667\ f^{IV} \\ +\ 1\ f^{VI} \\ \cdots \end{bmatrix}$$

$$\Delta^2_{x-h}:\quad \begin{array}{l} 0{,}00010\ 00000\ 00000\ 00\ f'' \\ +\ 8\ 33333\ 33\ f^{IV} \\ +\ 2\ 78\ f^{VI} \\ \cdots \end{array}$$

$$\Delta^3_{\substack{x+h\\x-2h}}:\quad \begin{bmatrix} 0{,}0^{5}\ 10000\ 00000\ 00\ f''' \\ +\ 25000\ 00\ f^{V} \\ +\ 25\ f^{VII} \\ \cdots \end{bmatrix} \pm \begin{bmatrix} 0{,}0^{5}\ 00050\ 00000\ 00\ f^{IV} \\ \pm\ 83\ 33\ f^{VI} \\ \pm\ 00\ f^{VIII} \\ \cdots \end{bmatrix}$$

$$\Delta^4_{x-2h}:\quad \begin{array}{l} 0{,}0^{5}\ 00100\ 00000\ 00\ f^{IV} \\ +\ 166\ 67\ f^{VI} \\ +\ 00\ f^{VIII} \\ \cdots \end{array}$$

$$\Delta^5_{\substack{x+2h\\x-3h}}:\quad \begin{bmatrix} 0{,}0^{5}\ 00001\ 00000\ 00\ f^{V} \\ +\ 3\ 33\ f^{VII} \\ +\ 00\ f^{IX} \\ \cdots \end{bmatrix} \pm \begin{bmatrix} 0{,}0^{5}\ 00000\ 00500\ 00\ f^{VI} \\ +\ 01\ f^{VIII} \\ \cdots \end{bmatrix}$$

$$\Delta^6_{x-3h}:\quad \begin{array}{l} 0{,}0^{10}\ 01000\ 000\ f^{VI} \\ +\ 025\ f^{VIII} \\ \cdots \end{array}$$

$$\Delta^7_{\substack{x+3h\\x-4h}}:\quad \begin{bmatrix} 0{,}0^{10}\ 00010\ 00000\ f^{VII} \\ +\ 42\ f^{IX} \\ \cdots \end{bmatrix} \pm \begin{bmatrix} 0{,}0^{10}\ 00000\ 05000\ f^{VIII} \\ +\ 0\ f^{X} \\ \cdots \end{bmatrix}$$

$$\Delta^8_{x-4h}:\quad \begin{array}{l} 0{,}0^{15}\ 10000\ f^{VIII} \\ +\ 0\ f^{X} \\ \cdots \end{array}$$

$$\Delta^9_{\substack{x+4h\\x-5h}}:\quad \begin{bmatrix} 0{,}0^{15}\ 00100\ 00\ f^{IX} \\ +\ 01\ f^{XI} \\ \cdots \end{bmatrix} \pm \begin{bmatrix} 0{,}0^{15}\ 00000\ 50\ f^{X} \\ +\ 00\ f^{XII} \\ \cdots \end{bmatrix}$$

$$\Delta^{10}_{x-5h}:\quad \begin{array}{l} 0{,}0^{15}\ 00001\ 00\ f^{X} \\ +\ 00\ f^{XII} \\ \cdots \end{array}$$

$$\Delta^{11}_{\substack{x+5h\\x-6h}}:\quad \begin{bmatrix} 0{,}0^{20}\ 010\ f^{XI} \\ +\ 0\ f^{XIII} \end{bmatrix} \pm \begin{bmatrix} 0{,}0^{20}\ 000\ f^{XII} \\ +\ \cdots \end{bmatrix}$$

$$\Delta^{12}_{x-6h}:\quad 0{,}0^{20}\ 00010\ f^{XII} \qquad +\ 0{,}0^{25}\ f^{XIV}+\cdots$$

Rechte Tafel:

$$\Delta_{\substack{x+10h\\x-11h}}:\quad \begin{bmatrix} 0{,}01000\ 00000\ 00000\ f' \\ +\ 5\ 51666\ 66667\ f''' \\ +\ 508\ 75833\ f^{V} \\ +\ 18824\ f^{VII} \\ +\ 4\ f^{IX} \\ \cdots \end{bmatrix} \pm \begin{bmatrix} 0{,}00105\ 00000\ 00000\ f'' \\ +\ 19337\ 50000\ f^{IV} \\ +\ 10\ 71613\ f^{VI} \\ +\ 284\ f^{VIII} \\ +\ 0\ f^{X} \\ \cdots \end{bmatrix}$$

$$\Delta^2_{\substack{x+9h\\x-11h}}:\quad \begin{bmatrix} 0{,}00010\ 00000\ 00000\ 00\ f'' \\ +\ 05008\ 33333\ 33\ f^{IV} \\ +\ 4\ 20836\ 11\ f^{VI} \\ +\ 142\ 38\ f^{VIII} \\ +\ 03\ f^{X} \\ \cdots \end{bmatrix} \pm \begin{bmatrix} 0{,}00001\ 00000\ 00000\ 00\ f'' \\ +\ 167\ 50000\ 00\ f^{V} \\ +\ 08472\ 50\ f^{VII} \\ +\ 2\ 05\ f^{IX} \\ +\ 00\ f^{XI} \\ \cdots \end{bmatrix}$$

$$\Delta^3_{\substack{x+9h\\x-12h}}:\quad \begin{bmatrix} 0{,}0^{5}\ 10000\ 00000\ 00\ f''' \\ +\ 55\ 25000\ 00\ f^{V} \\ +\ 05133\ 58\ f^{VII} \\ +\ 1\ 92\ f^{IX} \\ +\ 00\ f^{XI} \\ \cdots \end{bmatrix} \pm \begin{bmatrix} 0{,}0^{5}\ 01050\ 00000\ 00\ f^{IV} \\ +\ 1\ 94250\ 00\ f^{VI} \\ +\ 108\ 78\ f^{VIII} \\ +\ 03\ f^{X} \\ \cdots \end{bmatrix}$$

$$\Delta^4_{\substack{x+8h\\x-12h}}:\quad \begin{bmatrix} 0{,}0^{5}\ 00100\ 00000\ 00\ f^{IV} \\ +\ 50166\ 67\ f^{VI} \\ +\ 42\ 50\ f^{VIII} \\ +\ 01\ f^{X} \\ \cdots \end{bmatrix} \pm \begin{bmatrix} 0{,}0^{5}\ 00010\ 00000\ 00\ f^{V} \\ +\ 01683\ 33\ f^{VII} \\ +\ 86\ f^{IX} \\ +\ 00\ f^{XI} \\ \cdots \end{bmatrix}$$

$$\Delta^5_{\substack{x+8h\\x-13h}}:\quad \begin{bmatrix} 0{,}0^{5}\ 00001\ 00000\ 00\ f^{V} \\ +\ 553\ 33\ f^{VII} \\ +\ 52\ f^{IX} \\ +\ 00\ f^{XI} \\ \cdots \end{bmatrix} \pm \begin{bmatrix} 0{,}0^{5}\ 00000\ 10500\ 00\ f^{VI} \\ +\ 19\ 51\ f^{VIII} \\ +\ 01\ f^{X} \\ \cdots \end{bmatrix}$$

$$\Delta^6_{\substack{x+7h\\x-13h}}:\quad \begin{bmatrix} 0{,}0^{10}\ 01000\ 000\ f^{VI} \\ +\ 5\ 025\ f^{VIII} \\ +\ 004\ f^{X} \\ \cdots \end{bmatrix} \pm \begin{bmatrix} 0{,}0^{10}\ 00100\ 000\ f^{VII} \\ +\ 169\ f^{IX} \\ +\ 000\ f^{XI} \\ \cdots \end{bmatrix}$$

$$\Delta^7_{\substack{x+7h\\x-14h}}:\quad \begin{bmatrix} 0{,}0^{10}\ 00010\ 00000\ f^{VII} \\ +\ 5542\ f^{IX} \\ +\ 5\ f^{XI} \\ \cdots \end{bmatrix} \pm \begin{bmatrix} 0{,}0^{10}\ 00001\ 05000\ f^{VIII} \\ +\ 196\ f^{X} \\ +\ 0\ f^{XII} \\ \cdots \end{bmatrix}$$

$$\Delta^8_{\substack{x+6h\\x-14h}}:\quad \begin{bmatrix} 0{,}0^{15}\ 10000\ f^{VIII} \\ +\ 50\ f^{X} \\ +\ 0\ f^{XII} \\ \cdots \end{bmatrix} \pm \begin{bmatrix} 0{,}0^{15}\ 01000\ f^{IX} \\ +\ 2\ f^{XI} \\ \cdots \end{bmatrix}$$

$$\Delta^9_{\substack{x+6h\\x-15h}}:\quad \begin{bmatrix} 0{,}0^{15}\ 00100\ 00\ f^{IX} \\ +\ 55\ f^{XI} \\ \cdots \end{bmatrix} \pm \begin{bmatrix} 0{,}0^{15}\ 00010\ 50\ f^{X} \\ +\ 02\ f^{XII} \\ \cdots \end{bmatrix}$$

$$\Delta^{10}_{\substack{x+5h\\x-13h}}:\quad \begin{bmatrix} 0{,}0^{15}\ 00001\ 00\ f^{X} \\ +\ 01\ f^{XII} \\ \cdots \end{bmatrix} \pm \begin{bmatrix} 0{,}0^{15}\ 00000\ 10\ f^{XI} \\ \cdots \end{bmatrix}$$

$$\Delta^{11}_{\substack{x+5h\\x-16h}}:\quad \begin{bmatrix} 0{,}0^{20}\ 010\ f^{XI} \\ \cdots \end{bmatrix} \pm \begin{bmatrix} 0{,}0^{20}\ 001\ f^{XII} \\ \cdots \end{bmatrix}$$

$$\Delta^{12}_{\substack{x+4h\\x-16h}}:\quad \begin{bmatrix} 0{,}0^{20}\ 00010\ f^{XII} \\ \cdots \end{bmatrix} \pm \begin{bmatrix} 0{,}0^{20}\ 00001\ f^{XIII} \\ \cdots \end{bmatrix}$$

(2) $D^n(a+bx^2)^\mu$

$$= \frac{\mu(\mu-1)\cdots(\mu-n+1)(2bx)^n}{(a+bx^2)^{n-\mu}}\left[1+\frac{n(n-1)}{1(\mu-n+1)}\cdot\frac{a+bx^2}{4bx^2}\right.$$
$$\left.+\frac{n(n-1)(n-2)(n-3)}{1\cdot2(\mu-n+1)(\mu-n+2)}\left(\frac{a+bx^2}{4bx^2}\right)^2+\cdots\right].$$

In (3) ist:

$$(n-1)_1 = \frac{n-1}{1},$$
$$(n-2)_2 = \frac{(n-2)(n-3)}{1\cdot2},$$
$$(n-3)_3 = \frac{(n-3)(n-4)(n-5)}{1\cdot2\cdot3}.$$

(3) Für $\mu = -1$ ergibt sich:

$$D^n\left(\frac{1}{a+bx^2}\right) = \frac{(-1)^n\cdot1\cdot2\cdots n\,(2bx)^n}{(a+bx^2)^{n+1}}\left[1-(n-1)_1\frac{a+bx^2}{4bx^2}\right.$$
$$\left.+(n-2)_2\left(\frac{a+bx^2}{4bx^2}\right)^2-\cdots\right].$$

$$\Delta_{\substack{x+20h\\x-21h}}\quad
\begin{bmatrix}
0{,}01000\ 00000\ 00000\ f'\\
+\quad 21\ 01666\ 66667\ f'''\\
+\quad 07367\ 50833\ f^{V}\\
+\quad 10\ 33906\ f^{VII}\\
+\quad 778\ f^{IX}\\
+\quad 0\ f^{XI}\\
+\quad \dots
\end{bmatrix}
\pm
\begin{bmatrix}
0{,}00205\ 00000\ 00000\ f''\\
+\quad 1\ 43670\ 83333\ f^{IV}\\
+\quad 302\ 30724\ f^{VI}\\
+\quad 30315\ f^{VIII}\\
+\quad 18\ f^{X}\\
+\quad 0\ f^{XII}\\
+\quad \dots
\end{bmatrix}$$

$$\Delta^{2}_{\substack{x+19h\\x-21h}}\quad
\begin{bmatrix}
0{,}00010\ 00000\ 00000\ 00\ f''\\
+\quad 20008\ 33333\ 33\ f^{IV}\\
+\quad 66\ 83336\ 11\ f^{VI}\\
+\quad 08944\ 50\ f^{VIII}\\
+\quad 6\ 42\ f^{X}\\
+\quad 00\ f^{XII}\\
+\quad \dots
\end{bmatrix}
\pm
\begin{bmatrix}
0{,}00002\ 00000\ 00000\ 00\ f'''\\
+\quad 01335\ 00000\ 00\ f^{V}\\
+\quad 2\ 67778\ 33\ f^{VII}\\
+\quad 256\ 19\ f^{IX}\\
+\quad 14\ f^{XI}\\
+\quad \dots
\end{bmatrix}$$

$$\Delta^{3}_{\substack{x+19h\\x-22h}}\quad
\begin{bmatrix}
0{,}0^{5}\ 10000\ 00000\ 00\ f'''\\
+\quad 210\ 25000\ 00\ f^{V}\\
+\quad 73850\ 25\ f^{VII}\\
+\quad 104\ 01\ f^{IX}\\
+\quad 08\ f^{XI}\\
+\quad \dots
\end{bmatrix}
\pm
\begin{bmatrix}
0{,}0^{5}\ 02050\ 00000\ 00\ f^{IV}\\
+\quad 14\ 38416\ 67\ f^{VI}\\
+\quad 03035\ 05\ f^{VIII}\\
+\quad 3\ 06\ f^{X}\\
+\quad 00\ f^{XII}\\
+\quad \dots
\end{bmatrix}$$

$$\Delta^{4}_{\substack{x+18h\\x-22h}}\quad
\begin{bmatrix}
0{,}0^{5}\ 00100\ 00000\ 00\ f^{IV}\\
+\quad 2\ 00166\ 67\ f^{VI}\\
+\quad 670\ 00\ f^{VIII}\\
+\quad 90\ f^{X}\\
+\quad 00\ f^{XII}\\
+\quad \dots
\end{bmatrix}
\pm
\begin{bmatrix}
0{,}0^{5}\ 00020\ 00000\ 00\ f^{V}\\
+\quad 13366\ 67\ f^{VII}\\
+\quad 26\ 89\ f^{IX}\\
+\quad 03\ f^{XI}\\
+\quad \dots
\end{bmatrix}$$

$$\Delta^{5}_{\substack{x+18h\\x-23h}}\quad
\begin{bmatrix}
0{,}0^{5}\ 00001\ 00000\ 00\ f^{V}\\
+\quad 02103\ 33\ f^{VII}\\
+\quad 7\ 40\ f^{IX}\\
+\quad 01\ f^{XI}\\
+\quad \dots
\end{bmatrix}
\pm
\begin{bmatrix}
0{,}0^{5}\ 00000\ 20500\ 00\ f^{VI}\\
+\quad 00144\ 01\ f^{VIII}\\
+\quad 30\ f^{X}\\
+\quad 00\ f^{XII}\\
+\quad \dots
\end{bmatrix}$$

$$\Delta^{6}_{\substack{x+17h\\x-23h}}\quad
\begin{bmatrix}
0{,}0^{10}\ 01000\ 000\ f^{VI}\\
+\quad 20\ 025\ f^{VIII}\\
+\quad 067\ f^{X}\\
+\quad 0\ f^{XII}\\
+\quad \dots
\end{bmatrix}
\pm
\begin{bmatrix}
0{,}0^{10}\ 00200\ 000\ f^{VII}\\
+\quad 1\ 338\ f^{IX}\\
+\quad 3\ f^{XI}\\
+\quad \dots
\end{bmatrix}$$

$$\Delta^{7}_{\substack{x+17h\\x-24h}}\quad
\begin{bmatrix}
0{,}0^{10}\ 00010\ 00000\ f^{VII}\\
+\quad 21042\ f^{IX}\\
+\quad 74\ f^{XI}\\
+\quad \dots
\end{bmatrix}
\pm
\begin{bmatrix}
0{,}0^{10}\ 00002\ 05000\ f^{VIII}\\
+\quad 01442\ f^{X}\\
+\quad 3\ f^{XII}\\
+\quad \dots
\end{bmatrix}$$

$$\Delta^{8}_{\substack{x+16h\\x-24h}}\quad
\begin{bmatrix}
0{,}0^{15}\ 10000\ f^{VIII}\\
+\quad 200\ f^{X}\\
+\quad 1\ f^{XII}\\
+\quad \dots
\end{bmatrix}
\pm
\begin{bmatrix}
0{,}0^{15}\ 02000\ f^{IX}\\
+\quad 13\ f^{XI}\\
+\quad \dots
\end{bmatrix}$$

$$\Delta^{9}_{\substack{x+16h\\x-25h}}\quad
\begin{bmatrix}
0{,}0^{15}\ 00100\ 00\ f^{IX}\\
+\quad 2\ 11\ f^{XI}\\
+\quad 01\ f^{XIII}\\
+\quad \dots
\end{bmatrix}
\pm
\begin{bmatrix}
0{,}0^{15}\ 00020\ 50\ f^{X}\\
+\quad 14\ f^{XII}\\
+\quad \dots
\end{bmatrix}$$

$$\Delta^{10}_{\substack{x+15h\\x-25h}}\quad
\begin{bmatrix}
0{,}0^{15}\ 00001\ 00\ f^{X}\\
+\quad 02\ f^{XII}\\
+\quad \dots
\end{bmatrix}
\pm
\begin{bmatrix}
0{,}0^{15}\ 00000\ 20\ f^{XI}\\
+\quad \dots
\end{bmatrix}$$

$$\Delta^{11}_{\substack{x+15h\\x-26h}}\quad
\begin{bmatrix}
0{,}0^{20}\ 010\ f^{XI}\\
+\quad 0\ f^{XIII}\\
+\quad \dots
\end{bmatrix}
\pm
\begin{bmatrix}
0{,}0^{20}\ 002\ f^{XII}\\
+\quad \dots
\end{bmatrix}$$

$$\Delta^{12}_{\substack{x+14h\\x-26h}}\quad
\begin{bmatrix}
0{,}0^{20}\ 00010\ f^{XII}\\
+\quad \dots
\end{bmatrix}
\pm
\begin{bmatrix}
0{,}0^{20}\ 00002\ f^{XIII}\\
\dots
\end{bmatrix}$$

$$\Delta_{\substack{x+30h\\x-31h}}\quad
\begin{bmatrix}
0{,}01000\ 00000\ 00000\ f'\\
+\quad 46\ 51666\ 66667\ f'''\\
+\quad 36076\ 25833\ f^{V}\\
+\quad 111\ 95663\ f^{VII}\\
+\quad 18619\ f^{IX}\\
+\quad 19\ f^{XI}\\
+\quad \dots
\end{bmatrix}
\pm
\begin{bmatrix}
0{,}00305\ 00000\ 00000\ f''\\
+\quad 4\ 73004\ 16667\ f^{IV}\\
+\quad 02201\ 44001\ f^{VI}\\
+\quad 4\ 88073\ f^{VIII}\\
+\quad 00631\ f^{X}\\
+\quad 00001\ f^{XII}\\
+\quad \dots
\end{bmatrix}$$

$$\Delta^{2}_{\substack{x+29h\\x-31h}}\quad
\begin{bmatrix}
0{,}00010\ 00000\ 00000\ 00\ f''\\
+\quad 45008\ 33333\ 33\ f^{IV}\\
+\quad 337\ 87502\ 78\ f^{VI}\\
+\quad 1\ 01531\ 38\ f^{VIII}\\
+\quad 163\ 57\ f^{X}\\
+\quad 16\ f^{XII}\\
+\quad \dots
\end{bmatrix}
\pm
\begin{bmatrix}
0{,}00003\ 00000\ 00000\ 00\ f'''\\
+\quad 04502\ 50000\ 00\ f^{V}\\
+\quad 20\ 28750\ 83\ f^{VII}\\
+\quad 04356\ 17\ f^{IX}\\
+\quad 5\ 46\ f^{XI}\\
+\quad \dots
\end{bmatrix}$$

$$\Delta^{3}_{\substack{x+29h\\x-32h}}\quad
\begin{bmatrix}
0{,}0^{5}\ 10000\ 00000\ 00\ f'''\\
+\quad 465\ 25000\ 00\ f^{V}\\
+\quad 3\ 61150\ 25\ f^{VII}\\
+\quad 01122\ 57\ f^{IX}\\
+\quad 1\ 87\ f^{XI}\\
+\quad \dots
\end{bmatrix}
\pm
\begin{bmatrix}
0{,}0^{5}\ 03050\ 00000\ 00\ f^{IV}\\
+\quad 47\ 32583\ 33\ f^{VI}\\
+\quad 22053\ 83\ f^{VIII}\\
+\quad 48\ 99\ f^{X}\\
+\quad 06\ f^{XII}\\
+\quad \dots
\end{bmatrix}$$

$$\Delta^{4}_{\substack{x+28h\\x-32h}}\quad
\begin{bmatrix}
0{,}0^{5}\ 00100\ 00000\ 00\ f^{IV}\\
+\quad 4\ 50166\ 67\ f^{VI}\\
+\quad 03382\ 50\ f^{VIII}\\
+\quad 10\ 18\ f^{X}\\
+\quad 02\ f^{XII}\\
+\quad \dots
\end{bmatrix}
\pm
\begin{bmatrix}
0{,}0^{5}\ 00030\ 00000\ 00\ f^{V}\\
+\quad 45050\ 00\ f^{VII}\\
+\quad 203\ 25\ f^{IX}\\
+\quad 44\ f^{XI}\\
+\quad \dots
\end{bmatrix}$$

$$\Delta^{5}_{\substack{x+28h\\x-33h}}\quad
\begin{bmatrix}
0{,}0^{5}\ 00001\ 00000\ 00\ f^{V}\\
+\quad 04653\ 33\ f^{VII}\\
+\quad 36\ 15\ f^{IX}\\
+\quad 11\ f^{XI}\\
+\quad \dots
\end{bmatrix}
\pm
\begin{bmatrix}
0{,}0^{5}\ 00000\ 30500\ 00\ f^{VI}\\
+\quad 473\ 51\ f^{VIII}\\
+\quad 2\ 21\ f^{X}\\
+\quad 00\ f^{XII}\\
+\quad \dots
\end{bmatrix}$$

$$\Delta^{6}_{\substack{x+27h\\x-33h}}\quad
\begin{bmatrix}
0{,}0^{10}\ 01000\ 000\ f^{VI}\\
+\quad 45\ 025\ f^{VIII}\\
+\quad 339\ f^{X}\\
+\quad 001\ f^{XII}\\
+\quad \dots
\end{bmatrix}
\pm
\begin{bmatrix}
0{,}0^{10}\ 00300\ 000\ f^{VII}\\
+\quad 4\ 508\ f^{IX}\\
+\quad 020\ f^{XI}\\
+\quad \dots
\end{bmatrix}$$

$$\Delta^{7}_{\substack{x+27h\\x-34h}}\quad
\begin{bmatrix}
0{,}0^{10}\ 00010\ 00000\ f^{VII}\\
+\quad 46542\ f^{IX}\\
+\quad 362\ f^{XI}\\
+\quad 1\ f^{XIII}\\
+\quad \dots
\end{bmatrix}
\pm
\begin{bmatrix}
0{,}0^{10}\ 00003\ 05000\ f^{VIII}\\
+\quad 738\ f^{X}\\
+\quad 22\ f^{XII}\\
+\quad \dots
\end{bmatrix}$$

$$\Delta^{8}_{\substack{x+26h\\x-34h}}\quad
\begin{bmatrix}
0{,}0^{15}\ 10000\ f^{VIII}\\
+\quad 450\ f^{X}\\
+\quad 3\ f^{XII}\\
+\quad \dots
\end{bmatrix}
\pm
\begin{bmatrix}
0{,}0^{15}\ 03000\ f^{IX}\\
+\quad 45\ f^{XI}\\
+\quad 0\ f^{XIII}\\
+\quad \dots
\end{bmatrix}$$

$$\Delta^{9}_{\substack{x+26h\\x-35h}}\quad
\begin{bmatrix}
0{,}0^{15}\ 00100\ 00\ f^{IX}\\
+\quad 4\ 66\ f^{XI}\\
+\quad 04\ f^{XIII}\\
+\quad \dots
\end{bmatrix}
\pm
\begin{bmatrix}
0{,}0^{15}\ 00030\ 50\ f^{X}\\
+\quad 47\ f^{XII}\\
+\quad \dots
\end{bmatrix}$$

$$\Delta^{10}_{\substack{x+25h\\x-35h}}\quad
\begin{bmatrix}
0{,}0^{15}\ 00001\ 00\ f^{X}\\
+\quad 04\ f^{XII}\\
+\quad \dots
\end{bmatrix}
\pm
\begin{bmatrix}
0{,}0^{15}\ 00000\ 30\ f^{XI}\\
+\quad 00\ f^{XIII}\\
+\quad \dots
\end{bmatrix}$$

$$\Delta^{11}_{\substack{x+25h\\x-36h}}\quad
\begin{bmatrix}
0{,}0^{20}\ 010\ f^{XI}\\
+\quad 001\ f^{XIII}\\
+\quad \dots
\end{bmatrix}
\pm
\begin{bmatrix}
0{,}0^{20}\ 003\ f^{XII}\\
+\quad \dots
\end{bmatrix}$$

$$\Delta^{12}_{\substack{x+24h\\x-36h}}\quad
\begin{bmatrix}
0{,}0^{20}\ 00010\ f^{XII}\\
+\quad 0\ f^{XIV}\\
+\quad \dots
\end{bmatrix}
\pm
\begin{bmatrix}
0{,}0^{20}\ 00003\ f^{XIII}\\
\dots
\end{bmatrix}$$

$$\Delta_{\substack{x+40\,h\\x-41\,h}}\quad
\begin{bmatrix}
0{,}01000\ 00000\ 00000\ f'\\
+\ 82\ 01666\ 66667\ f'''\\
+\ 1\ 12135\ 00833\ f^{V}\\
+\ 613\ 37845\ f^{VII}\\
+\ 1\ 79778\ f^{IX}\\
+\ 328\ f^{XI}\\
\cdots
\end{bmatrix}
\pm
\begin{bmatrix}
0{,}00405\ 00000\ 00000\ f''\\
+\ 11\ 07337\ 50000\ f^{IV}\\
+\ 09084\ 78113\ f^{VI}\\
+\ 35\ 49914\ f^{VIII}\\
+\ 08093\ f^{X}\\
+\ 12\ f^{XII}\\
\cdots
\end{bmatrix}$$

$$\Delta^{2}_{\substack{x+39\,h\\x-41\,h}}\quad
\begin{bmatrix}
0{,}00010\ 00000\ 00000\ 00\ f''\\
+\ 80008\ 33333\ 33\ f^{IV}\\
+\ 01067\ 33333\ 33\ f^{VI}\\
+\ 5\ 69778\ 00\ f^{VIII}\\
+\ 01630\ 14\ f^{X}\\
+\ 2\ 90\ f^{XII}\\
+\ 00\ f^{XIV}\\
\cdots
\end{bmatrix}
\pm
\begin{bmatrix}
0{,}00004\ 00000\ 00000\ 00\ f'''\\
+\ 10670\ 00000\ 00\ f^{V}\\
+\ 85\ 42223\ 33\ f^{VII}\\
+\ 32579\ 08\ f^{IX}\\
+\ 72\ 26\ f^{XI}\\
+\ 11\ f^{XIII}\\
\cdots
\end{bmatrix}$$

$$\Delta^{3}_{\substack{x+39\,h\\x-42\,h}}\quad
\begin{bmatrix}
0{,}0^{5}\ 10000\ 00000\ 00\ f'''\\
+\ 820\ 25000\ 00\ f^{V}\\
+\ 11\ 22033\ 58\ f^{VII}\\
+\ 06143\ 13\ f^{IX}\\
+\ 18\ 03\ f^{XI}\\
\cdots
\end{bmatrix}
\pm
\begin{bmatrix}
0{,}0^{5}\ 04050\ 00000\ 00\ f^{IV}\\
+\ 110\ 76750\ 00\ f^{VI}\\
+\ 90940\ 10\ f^{VIII}\\
+\ 355\ 75\ f^{X}\\
+\ 81\ f^{XII}\\
\cdots
\end{bmatrix}$$

$$\Delta^{4}_{\substack{x+38\,h\\x-42\,h}}\quad
\begin{bmatrix}
0{,}0^{5}\ 00100\ 00000\ 00\ f^{IV}\\
+\ 8\ 00166\ 67\ f^{VI}\\
+\ 10680\ 00\ f^{VIII}\\
+\ 57\ 07\ f^{X}\\
+\ 16\ f^{XII}\\
\cdots
\end{bmatrix}
\pm
\begin{bmatrix}
0{,}0^{5}\ 00040\ 00000\ 00\ f^{V}\\
+\ 1\ 06733\ 33\ f^{VII}\\
+\ 855\ 11\ f^{IX}\\
+\ 3\ 27\ f^{XI}\\
+\ 01\ f^{XIII}\\
\cdots
\end{bmatrix}$$

$$\Delta^{5}_{\substack{x+38\,h\\x-43\,h}}\quad
\begin{bmatrix}
0{,}0^{5}\ 00001\ 00000\ 00\ f^{V}\\
+\ 08200\ 33\ f^{VII}\\
+\ 112\ 27\ f^{IX}\\
+\ 62\ f^{XI}\\
\cdots
\end{bmatrix}
\pm
\begin{bmatrix}
0{,}0^{5}\ 00000\ 40500\ 00\ f^{VI}\\
+\ 01108\ 01\ f^{VIII}\\
+\ 9\ 10\ f^{X}\\
+\ 04\ f^{XII}\\
\cdots
\end{bmatrix}$$

$$\Delta^{6}_{\substack{x+37\,h\\x-43\,h}}\quad
\begin{bmatrix}
0{,}0^{10}\ 01000\ 000\ f^{VI}\\
+\ 80\ 025\ f^{VIII}\\
+\ 1\ 069\ f^{X}\\
+\ 006\ f^{XII}\\
\cdots
\end{bmatrix}
\pm
\begin{bmatrix}
0{,}0^{10}\ 00400\ 000\ f^{VII}\\
+\ 10\ 677\ f^{IX}\\
+\ 086\ f^{XI}\\
+\ 0\ f^{XIII}\\
\cdots
\end{bmatrix}$$

$$\Delta^{7}_{\substack{x+37\,h\\x-44\,h}}\quad
\begin{bmatrix}
0{,}0^{10}\ 00010\ 00000\ f^{VII}\\
+\ 82042\ f^{IX}\\
+\ 01123\ f^{XI}\\
+\ 6\ f^{XIII}\\
\cdots
\end{bmatrix}
\pm
\begin{bmatrix}
0{,}0^{10}\ 00040\ 50000\ f^{VIII}\\
+\ 11084\ f^{X}\\
+\ 91\ f^{XII}\\
+\ 0\ f^{XIV}\\
\cdots
\end{bmatrix}$$

$$\Delta^{8}_{\substack{x+36\,h\\x-44\,h}}\quad
\begin{bmatrix}
0{,}0^{15}\ 10000\ f^{VIII}\\
+\ 800\ f^{X}\\
+\ 11\ f^{XII}\\
+\ 0\ f^{XIV}\\
\cdots
\end{bmatrix}
\pm
\begin{bmatrix}
0{,}0^{15}\ 04000\ f^{IX}\\
+\ 107\ f^{XI}\\
+\ 1\ f^{XIII}\\
\cdots
\end{bmatrix}$$

$$\Delta^{9}_{\substack{x+36\,h\\x-45\,h}}\quad
\begin{bmatrix}
0{,}0^{15}\ 00100\ 00\ f^{IX}\ +\ 0{,}0^{15}\ 00008\ 21\ f^{XI}\\
+\ 11\ f^{XIII}\ +\ \cdots
\end{bmatrix}
\pm
\begin{bmatrix}
0{,}0^{15}\ 00040\ 50\ f^{X}\\
+\ 0{,}0^{15}\ 00001\ 11\ f^{XII}\\
+\ 0{,}0^{20}\ 01\ f^{XIV}\ +\ \cdots
\end{bmatrix}$$

$$\Delta^{10}_{\substack{x+35\,h\\x-45\,h}}\quad
\begin{bmatrix}
0{,}0^{15}\ 00001\ 00\ f^{X}\ +\ 0{,}0^{20}\ 08\ f^{XII}\\
+\ 00\ f^{XIV}\ +\ \cdots
\end{bmatrix}
\pm
\begin{bmatrix}
0{,}0^{20}\ 40\ f^{XI}\\
+\ 0{,}0^{20}\ 01\ f^{XIII}\ +\ \cdots
\end{bmatrix}$$

$$\Delta^{11}_{\substack{x+35\,h\\x-46\,h}}\quad
\begin{bmatrix}
0{,}0^{20}\ 010\ f^{XI}\ +\ 0{,}0^{20}\ 001\ f^{XIII}\ +\ \cdots
\end{bmatrix}
\pm
\begin{bmatrix}
0{,}0^{20}\ 004\ f^{XII}\\
+\ 0{,}0^{20}\ 000\ f^{XIV}\ +\ \cdots
\end{bmatrix}$$

$$\Delta^{12}_{\substack{x+34\,h\\x-46\,h}}\quad
\begin{bmatrix}
0{,}0^{20}\ 00010\ f^{XII}\ +\ 0{,}0^{25}\ f^{XIV}\ +\ \cdots
\end{bmatrix}
\pm
\begin{bmatrix}
0{,}0^{20}\ 00004\ f^{XIII}\ +\ \cdots
\end{bmatrix}$$

$$\Delta_{\substack{x+50\,h\\x-51\,h}}\quad
\left[\begin{aligned}
&0{,}01000\ 00000\ 00000\ f'\\
+\ &127\ 51666\ 66667\ f'''\\
+\ &2\ 71043\ 75833\ f^{V}\\
+\ &2304\ 77535\ f^{VII}\\
+\ &10\ 50045\ f^{IX}\\
+\ &2977\ f^{XI}\\
+\ &6\ f^{XIII}\\
&\dots
\end{aligned}\right]
\pm
\left[\begin{aligned}
&0{,}00505\ 00000\ 00000\ f''\\
+\ &21\ 46670\ 83333\ f^{IV}\\
+\ &27378\ 99724\ f^{VI}\\
+\ &166\ 30567\ f^{VIII}\\
+\ &58935\ f^{X}\\
+\ &137\ f^{XII}\\
+\ &0\ f^{XIV}\\
&\dots
\end{aligned}\right]$$

$$\Delta^{2}_{\substack{x+49\,h\\x-51\,h}}\quad
\left[\begin{aligned}
&0{,}00010\ 00000\ 00000\ 00\ f''\\
+\ &1\ 25008\ 33333\ 33\ f^{IV}\\
+\ &2605\ 20836\ 11\ f^{VI}\\
+\ &21\ 72309\ 38\ f^{VIII}\\
+\ &9706\ 21\ f^{X}\\
+\ &26\ 99\ f^{XII}\\
+\ &06\ f^{XIV}\\
&\dots
\end{aligned}\right]
\pm
\left[\begin{aligned}
&0{,}00005\ 00000\ 00000\ 00\ f'''\\
+\ &20837\ 50000\ 00\ f^{V}\\
+\ &260\ 59029\ 17\ f^{VII}\\
+\ &1\ 55226\ 99\ f^{IX}\\
+\ &539\ 52\ f^{XI}\\
+\ &1\ 38\ f^{XIII}\\
&\dots
\end{aligned}\right]$$

$$\Delta^{3}_{\substack{x+49\,h\\x-52\,h}}\quad
\left[\begin{aligned}
&0{,}0^{5}\ 10000\ 00000\ 00\ f'''\\
+\ &1275\ 25000\ 00\ f^{V}\\
+\ &27\ 11500\ 25\ f^{VII}\\
+\ &23070\ 34\ f^{IX}\\
+\ &105\ 20\ f^{XI}\\
+\ &25\ f^{XIII}\\
&\dots
\end{aligned}\right]
\pm
\left[\begin{aligned}
&0{,}0^{5}\ 05050\ 00000\ 00\ f^{IV}\\
+\ &214\ 70916\ 67\ f^{VI}\\
+\ &2\ 73968\ 84\ f^{VIII}\\
+\ &1665\ 34\ f^{X}\\
+\ &5\ 91\ f^{XII}\\
+\ &01\ f^{XIV}\\
&\dots
\end{aligned}\right]$$

$$\Delta^{4}_{\substack{x+48\,h\\x-52\,h}}\quad
\left[\begin{aligned}
&0{,}0^{5}\ 00100\ 00000\ 00\ f^{IV}\\
+\ &12\ 50166\ 67\ f^{VI}\\
+\ &26062\ 50\ f^{VIII}\\
+\ &217\ 45\ f^{X}\\
+\ &97\ f^{XII}\\
+\ &00\ f^{XIV}\\
&\dots
\end{aligned}\right]
\overset{\pm}{}
\left[\begin{aligned}
&0{,}0^{5}\ 00050\ 00000\ 00\ f^{V}\\
+\ &2\ 08416\ 67\ f^{VII}\\
+\ &2607\ 64\ f^{IX}\\
+\ &15\ 54\ f^{XI}\\
+\ &07\ f^{XIII}\\
&\dots
\end{aligned}\right]$$

$$\Delta^{5}_{\substack{x+48\,h\\x-53\,h}}\quad
\left[\begin{aligned}
&0{,}0^{5}\ 00001\ 00000\ 00\ f^{V}\\
+\ &12753\ 33\ f^{VII}\\
+\ &271\ 26\ f^{IX}\\
+\ &2\ 31\ f^{XI}\\
+\ &01\ f^{XIII}\\
&\dots
\end{aligned}\right]
\pm
\left[\begin{aligned}
&0{,}0^{5}\ 00000\ 50500\ 00\ f^{VI}\\
+\ &2147\ 51\ f^{VIII}\\
+\ &27\ 41\ f^{X}\\
+\ &17\ f^{XII}\\
+\ &00\ f^{XIV}\\
&\dots
\end{aligned}\right]$$

$$\Delta^{6}_{\substack{x+47\,h\\x-53\,h}}\quad
\left[\begin{aligned}
&0{,}0^{10}\ 01000\ 000\ f^{VI}\\
+\ &125\ 025\ f^{VIII}\\
+\ &1\ 607\ f^{X}\\
+\ &022\ f^{XII}\\
+\ &0\ f^{XIV}\\
&\dots
\end{aligned}\right]
\pm
\left[\begin{aligned}
&0{,}0^{10}\ 00500\ 000\ f^{VII}\\
+\ &20\ 846\ f^{IX}\\
+\ &261\ f^{XI}\\
+\ &2\ f^{XIII}\\
&\dots
\end{aligned}\right]$$

$$\Delta^{7}_{\substack{x+47\,h\\x-54\,h}}\quad
\left[\begin{aligned}
&0{,}0^{10}\ 00010\ 00000\ f^{VII}\\
+\ &1\ 27542\ f^{IX}\\
+\ &02714\ f^{XI}\\
+\ &23\ f^{XIII}\\
&\dots
\end{aligned}\right]
\pm
\left[\begin{aligned}
&0{,}0^{10}\ 00005\ 05000\ f^{VIII}\\
+\ &21479\ f^{X}\\
+\ &274\ f^{XII}\\
+\ &0\ f^{XIV}\\
&\dots
\end{aligned}\right]$$

$$\Delta^{8}_{\substack{x+46\,h\\x-54\,h}}\quad
\left[\begin{aligned}
&0{,}0^{15}\ 10000\ f^{VIII}\\
+\ &1250\ f^{X}\\
+\ &26\ f^{XII}\\
+\ &0\ f^{XIV}\\
&\dots
\end{aligned}\right]
\pm
\left[\begin{aligned}
&0{,}0^{15}\ 05000\ f^{IX}\\
+\ &209\ f^{XI}\\
+\ &3\ f^{XIII}\\
&\dots
\end{aligned}\right]$$

$$\Delta^{9}_{\substack{x+46\,h\\x-55\,h}}\quad
\left[\begin{aligned}
&0{,}0^{15}\ 00100\ 00\ f^{IX}\\
+\ &12\ 76\ f^{XI}\\
+\ &26\ f^{XIII}\\
&\dots
\end{aligned}\right]
\pm
\left[\begin{aligned}
&0{,}0^{15}\ 00050\ 50\ f^{X}\\
+\ &2\ 15\ f^{XII}\\
+\ &02\ f^{XIV}\\
&\dots
\end{aligned}\right]$$

$$\Delta^{10}_{\substack{x+45\,h\\x-55\,h}}\quad
\left[\begin{aligned}
&0{,}0^{15}\ 00001\ 00\ f^{X}\ +0{,}0^{20}\ 13\ f^{XII}\\
+\ &0{,}0^{20}\ \ 00\ f^{XIV}+\dots
\end{aligned}\right]
\pm
\left[\begin{aligned}
&0{,}0^{20}\ 50\ f^{XI}\\
+\ &0{,}0^{20}\ 02\ f^{XIII}+\dots
\end{aligned}\right]$$

$$\Delta^{11}_{\substack{x+45\,h\\x-56\,h}}\quad
\left[0{,}0^{20}\ 010\ f^{XI}+0{,}0^{20}\ 001\ f^{XIII}+\dots\right]
\pm
\left[\begin{aligned}
&0{,}0^{20}\ 005\ f^{XII}\\
+\ &0{,}0^{20}\ 000\ f^{XIV}+\dots
\end{aligned}\right]$$

$$\Delta^{12}_{\substack{x+44\,h\\x-56\,h}}\quad
\left[0{,}0^{20}\ 00010\ f^{XII}+0{,}0^{20}\ 00001\ f^{XIV}+\dots\right]
\pm
\left[0{,}0^{20}\ 00005\ f^{XIII}+\dots\right]$$

(4) Für $\mu = -\frac{1}{2}$ erhält man:

$$D^n\left(\frac{1}{\sqrt{a+b\,x^2}}\right) = \frac{(-1)^n\,1\cdot3\cdot5\cdots(2\,n-1)\,(b\,x)^n}{(\sqrt{a+b\,x^2})^{2\,n+1}}\left[1 - \frac{n\,(n-1)}{2\,(2\,n-1)}\cdot\frac{a+b\,x^2}{b\,x^2}\right.$$

$$\left. + \frac{n\,(n-1)\,(n-2)\,(n-3)}{2\cdot4\,(2\,n-1)\,(2\,n-3)}\left(\frac{a+b\,x^2}{b\,x^2}\right)^2 - \cdots\right].$$

(5) Bei manchen Fällen bedient man sich bequemer mit der rekurrierenden Darstellung. Die Funktion

$$f\,(x) = (a + b\,x^2)^\mu$$

gibt

$$f'\,(x) = \frac{2\,\mu\,b\,x\,f\,(x)}{a+b\,x^2}\,,$$

$$f^{m+2}\,(x) = b\,\frac{2\,(\mu-m-1)\,x\,f^{m+1}\,(x) + (m+1)\,(2\,\mu-m)\,f^m\,(x)}{a+b\,x^2}\,.$$

(6) Ist $a = 1$, $b = 1$, $\mu = \frac{1}{2}$, so ergibt sich:

$$f\,(x) = \sqrt{1+x^2}\,,$$

$$f'\,(x) = \frac{x}{\sqrt{1+x^2}}\,, \qquad f'''\,(x) = \frac{-3\,x}{\sqrt{(1+x^2)^5}}\,,$$

$$f''\,(x) = \frac{1}{\sqrt{(1+x^2)^3}}\,, \qquad f^{IV}\,(x) = \frac{12\,x^2-3}{\sqrt{(1+x^2)^7}}\,,$$

$$\vdots$$

$$f^{m+2}\,(x) = -\left[\frac{(2\,m+1)\,x\,f^{m+1}\,(x) + (m^2-1)\,f^m\,(x)}{1+x^2}\right].$$

(7) $y = \mathfrak{Ar}\,\mathfrak{Sin}\,x$,

$$y' = (x^2+1)^{-\frac{1}{2}},$$

$$y'' = -x\,(x^2+1)^{-\frac{3}{2}},$$

$$y^{(n+2)} = \frac{-1}{1+x^2}\left[(1+2\,n)\,x\,y^{(n+1)} + n^2\,y^{(n)}\right].$$

(8) $y = \arcsin x$,

$$y' = (1-x^2)^{-\frac{1}{2}},$$

$$y'' = x\,(1-x^2)^{-\frac{3}{2}},$$

$$y^{(n+2)} = \frac{1}{1-x^2}\left[(1+2\,n)\,x\,y^{(n+1)} + n^2\,y^{(n)}\right].$$

(9) $y = \mathfrak{Ar}\,\mathfrak{Cof}\,x$,

$$y' = (x^2-1)^{-\frac{1}{2}},$$

$$y'' = -x\,(x^2-1)^{-\frac{3}{2}},$$

$$y^{(n+2)} = \frac{-1}{x^2-1}\left[(1+2\,n)\,x\,y^{(n+1)} + n^2\,y^{(n)}\right].$$

(10) $y = \arccos x$,

$$y' = -(1-x^2)^{-\frac{1}{2}},$$

$$y'' = -x\,(1-x^2)^{-\frac{3}{2}}.$$

Die Rekursionsformel ist hier dieselbe wie bei $y = \arcsin x$.

(11) $y = \mathfrak{Ar}\,\mathfrak{Tg}\,x$,

$$y' = \frac{1}{1-x^2}\,,$$

$$y'' = \frac{2\,x}{(1-x^2)^2}\,,$$

$$y^{(n+2)} = \frac{n+1}{1-x^2}\left[2\,x\,y^{(n+1)} + n\,y^{(n)}\right].$$

(12) $y = \operatorname{arc}\,\mathrm{tg}\,x$,

$$y' = \frac{1}{1+x^2}\,,$$

$$y'' = \frac{-2\,x}{(1+x^2)^2}\,,$$

$$y^{(n+2)} = \frac{-(n+1)}{1+x^2}\left[2\,x\,y^{(n+1)} + n\,y^{(n)}\right].$$

$$(13) \quad D^n (e^{a\,x} \sin b\,x) = c^n\, e^{a\,x} \sin (b\,x + n\,\vartheta),$$
$$D^n (e^{a\,x} \cos b\,x) = c^n\, e^{a\,x} \cos (b\,x + n\,\vartheta),$$
$$\text{wobei} \quad c = \sqrt{a^2 + b^2}\,,$$
$$\operatorname{tg} \vartheta = \frac{b}{a}\,.$$

(14) Als Ergänzung zu (28) auf S. 120 von des Verfassers Tafeln der Besselschen Funktionen sei folgendes hinzugefügt:

$$J_0^{XII} = \frac{J_{12} - 12\,J_{10} + 66\,J_8 - 220\,J_6 + 495\,J_4 - 792\,J_2 + 462\,J_0}{2048}\,,$$

$$J_0^{XIII} = \frac{-J_{13} + 13\,J_{11} - 78\,J_9 + 286\,J_7 - 715\,J_5 + 1287\,J_3 - 1716\,J_1}{4096}\,,$$

$$J_0^{XIV} = \frac{J_{14} - 14\,J_{12} + 91\,J_{10} - 364\,J_8 + 1001\,J_6 - 2002\,J_4 + 3003\,J_2 - 1716\,J_0}{8192}\,,$$

$$J_0^{XV} = \frac{-J_{15} + 15\,J_{13} - 105\,J_{11} + 455\,J_9 - 1365\,J_7 + 3003\,J_5 - 5005\,J_3 + 6435\,J_1}{16\,384}\,.$$

Die Formeln vom ähnlichen Bau gelten für $Y_0(x)$, $Y_1(x)$.

Tafel II.

Interpolationstafeln für $J_0(x)$, $J_1(x)$.

Für diese Funktionen ist vom Verfasser für $x = 0,00 - 25,10$ eine zwölfstellige Tafel[1] angelegt. Um nun mit Hilfe von ihr ganz durch dieses Argumentintervall für zwei weitere Dezimalstellen, d. h. für jedes 0,0001 von x die Einschaltung der Funktionswerte zu ermöglichen, haben wir die Werte der in die angeleiteten Formeln eintretenden Koeffizienten berechnet und das Ergebnis tabellarisch in einer zweckmäßigen Form angegeben.

1. Die Additionsformeln von $J_0(x)$, $J_1(x)$ haben die Entwicklungen:

$$
\begin{aligned}
J_0(x \pm n h) = \quad & J_0(n h) J_0(x) \mp 2 J_1(n h) J_1(x) \\
+ \; & 2 J_2(n h) J_2(x) \mp 2 J_3(n h) J_3(x) \\
+ \; & 2 J_4(n h) J_4(x) \mp 2 J_5(n h) J_5(x) \\
& \cdots,
\end{aligned}
\tag{1}
$$

$$
\begin{aligned}
J_1(x \pm n h) = \mp \big[\quad & - J_1(n h) \big] J_0(x) + \big[J_0(n h) - J_2(n h) \big] J_1(x) \\
\mp \big[J_1(n h) \; & - J_3(n h) \big] J_2(x) + \big[J_2(n h) - J_4(n h) \big] J_3(x) \\
\mp \big[J_3(n h) \; & - J_5(n h) \big] J_4(x) + \big[J_4(n h) - J_6(n h) \big] J_5(x) \\
& \cdots,
\end{aligned}
\tag{2}
$$

die unendlichen Reihen mit den Gliedern $J_0(x)$, $J_1(x)$, $\cdots$, die in der einen mit den Koeffizienten $J_0(n h)$, $\mp 2 J_1(n h)$, $\cdots$, in der anderen mit $\mp [- J_1(n h)]$, $+ [J_0(n h) - J_2(n h)]$, $\cdots$ multipliziert sind. Es geht daraus hervor, daß, wenn die Zahl n in der Folge die Werte 0, 1, 2, $\cdots$ annimmt und man dementsprechend $J_0(x \pm n h)$, $J_1(x \pm n h)$ nach diesen Formeln in entwickelten Gestalten abschreibt, sich die Differenzen verschiedener Ordnungen, die man aus solchen Reihen der Entwicklungen sukzessiv bildet, folgendermaßen ausdrücken lassen:

bei $J_0(x \pm n h)$,

$$
\begin{aligned}
\Delta^m_{x+nh} = \quad & [0]_m J_0(x) - 2 [1]_m J_1(x) \\
+ \; & 2 [2]_m J_2(x) - 2 [3]_m J_3(x) \\
+ \; & 2 [4]_m J_4(x) - 2 [5]_m J_5(x) \\
& \cdots,
\end{aligned}
\tag{3}
$$

$$
\Delta^m_{x-nh} = (-1)^m \left[
\begin{aligned}
\quad & [0]_m J_0(x) + 2 [1]_m J_1(x) \\
+ \; & 2 [2]_m J_2(x) + 2 [3]_m J_3(x) \\
+ \; & 2 [4]_m J_4(x) + 2 [5]_m J_5(x) \\
& \cdots
\end{aligned}
\right];
\tag{4}
$$

bei $J_1(x \pm n h)$,

$$
\begin{aligned}
\Delta^m_{x+nh} = \big[\quad & - [1]_m \big] J_0(x) + \big[[0]_m - [2]_m \big] J_1(x) \\
- \; & \big[[1]_m - [3]_m \big] J_2(x) + \big[[2]_m - [4]_m \big] J_3(x) \\
- \; & \big[[3]_m - [5]_m \big] J_4(x) + \big[[4]_m - [6]_m \big] J_5(x) \\
& \cdots,
\end{aligned}
\tag{5}
$$

$$
\Delta^m_{x-nh} = (-1)^m \left[
\begin{aligned}
\big[\quad & - [1]_m \big] J_0(x) + \big[[0]_m - [2]_m \big] J_1(x) \\
+ \; & \big[[1]_m - [3]_m \big] J_2(x) + \big[[2]_m - [4]_m \big] J_3(x) \\
+ \; & \big[[3]_m - [5]_m \big] J_4(x) + \big[[4]_m - [6]_m \big] J_5(x) \\
& \cdots
\end{aligned}
\right].
\tag{6}
$$

---

[1] Tafeln der Besselschen Funktionen. Berlin 1930.

In den Formeln bezeichnet m die Ordnungszahl der Differenzen. Die Ausdrücke $[0]_m$, $\lfloor 1 \rfloor_m$, $\cdots$ stellen die m-ten Differenzen in den Tafeln von $J_0\,(n\,h)$, $J_1\,(n\,h) \cdots$ dar (vgl. Tafel B). Sie bezeichnen also, wenn h festgesetzt ist, die Zahlen, die bei gegebenem m ausschließlich von n abhängig sind.

In den beigefügten Tafeln unter A, die für den Fall $h = 0{,}0001$ fertiggestellt ist, sind diese Zahlen für $m = 1$, 2, 3, 4 angegeben, während die Zahl n bis auf mehr als $\pm\,50$ ausgedehnt ist.

2. Um die angeführten Formeln näher zu beleuchten, soll beispielsweise zwischen zwei benachbarten Werten $x = 17{,}00$, $x = 17{,}01$ die Funktion $J_0\,(x)$, $J_1\,(x)$ für jedes $0{,}0001$ von x eingeschaltet werden. Die Aufgabe der Art läßt sich wie immer dadurch auflösen, daß man im betreffenden Intervall im voraus eine Anzahl von Differenzen für jede Ordnung unmittelbar berechnet. Für die Rechnungsvorgänge vergleiche man des Verfassers Werke: Tafeln der Besselschen Funktionen, 1930, S. 119—120. Im folgenden wollen wir also uns darauf beschränken, einige solcher Differenzen zu berechnen; also wird man darüber klar, wie weit sich die Berechnungsergebnisse kontrollieren lassen.

Für diese zwei Grenzwerten von x hat man:

	$x = 17{,}00$	$x = 17{,}01$
$J_0\,(x)$	$-0{,}16985\ 42521\ 51183\ 548$	$-0{,}16886\ 93796\ 6715$
$J_1\,(x)$	$-0{,}09766\ 84927\ 57780\ 650$	$-0{,}09930\ 42079\ 5210$
$J_2\,(x)$	$+0{,}15836\ 38412\ 38503\ 471$	$+0{,}15719\ 33998\ 9618$
$J_3\,(x)$	$+0{,}13493\ 05730\ 49193\ 232$	$+0{,}13626\ 91461\ 9929$
$J_4\,(x)$	$-0{,}11074\ 12860\ 44670\ 566$	$-0{,}10912\ 66816\ 6010$
$J_5\,(x)$	$-0{,}18704\ 41194\ 23155\ 851$	$-0{,}18759\ 26884\ 2626$

Wir berechnen für die Funktion $J_0\,(x \pm n\,h)$, von $x = 17{,}00$, $x = 17{,}01$ ausgehend, die ersten Differenzen $\varDelta^m_{x+50h}$ bzw. $\varDelta^m_{x-51h}$, die auf dem Schema zwei benachbarte bilden. Dabei bedient man sich der Formeln (3) und (4). Die erforderlichen Werte der Koeffizienten, die für beide gemeinsam sind, nimmt man aus der Tafel für $m = 1$ (S. 30):

$$
\begin{aligned}
[0]_m &= -\,0{,}00000\ 02524\ 99194\ 9993,\\
[1]_m &= +\,0{,}00004\ 99995\ 21813\ 3470,\\
[2]_m &= +\,0{,}00000\ 01262\ 49463\ 3329,\\
[3]_m &= +\,0{,}00000\ 00001\ 59395\ 4098,\\
[4]_m &= +\,0{,}00000\ 00000\ 00134\ 1667,\\
[5]_m &= +\,0{,}00000\ 00000\ 00000\ 0847,\\
[6]_m &= +\,0{,}00000\ 00000\ 00000\ 0000.
\end{aligned}
$$

$m = 1$

$n = 50$ (bez. auf $x = 17{,}00$)

$n = -\,51$ (bez. auf $x = 17{,}01$)

Hieraus ergibt sich:

bez. auf $x = 17{,}01$, $\qquad \varDelta_{x-51h} = +\,0{,}0^5\ 98749\ 51864\ 1,$

bez. auf $x = 17{,}00$, $\qquad \varDelta_{x+50h} = +\,0{,}5\ 98495\ 87585\ 8.$

Die Differenz $+\,0{,}0^5\ 00016\ 35721\ 7$ zwischen diesen zwei Werten der ersten Differenzen entspricht, bez. auf $x = 17{,}00$, der zweiten Differenz $\varDelta^2_{x+49h}$, oder, was dieselbe ist, bez. auf $x = 17{,}01$, zu $\varDelta^2_{x-51h}$. Den Wert dieser zweiten Differenz berechnen wir unmittelbar nach den Formeln (3), (4). Die zugehörigen Koeffizienten sind (s. Tafel für $m = 2$):

$$
\begin{aligned}
[0]_m &= -\,0{,}0^5\ 00049\ 99953\ 1220,\\
[1]_m &= -\qquad\ \ 00000\ 18749\ 9349,\\
[2]_m &= +\qquad\ \ 00024\ 99968\ 7480,\\
[3]_m &= +\qquad\qquad 06249\ 9674,\\
[4]_m &= +\qquad\ \ 00007\ 8130,\\
[5]_m &= +\qquad\qquad\quad 0065,\\
[6]_m &= +\qquad\qquad\quad 0000.
\end{aligned}
$$

$m = 2$

$n = 49$ (bez. auf $x = 17{,}00$)

$n = -\,51$ (bez. auf $x = 17{,}01$)

Man erhält hieraus:

bez. auf $x = 17{,}00$, $\qquad \varDelta^2_{x+49h} = +\,0{,}0\ 00016\ 35721\ 6986,$

bez. auf $x = 17{,}01$, $\qquad \varDelta^2_{x-51h} = +\,0{,}0\ 00016\ 35721\ 6987,$

was miteinander sowie mit dem oben erhaltenen in hinreichender Übereinstimmung steht.

Ferner soll für die Funktion $J_1(x \pm n\,h)$, bez. auf $x = 17{,}00$ und $x = 17{,}01$, die zweiten Differenzen $\Delta^2_{x\,+\,49\,h}$ bzw. $\Delta^2_{x\,-\,51\,h}$ festgestellt werden. Die Koeffizienten bildet man von den soeben angegebenen:

$$m = 2$$
$$n = 49 \ (\text{bez. auf } x = 17{,}00)$$
$$n = -51 \ (\text{bez. auf } x = 17{,}01)$$

$$\begin{cases}
[1]_m = - \ 0{,}0^5 \ 00000 \ 18749 \ 9349, \\
[0]_m - [2]_m = - \ \phantom{0{,}0^5} \ 00074 \ 99921 \ 8700, \\
[1]_m - [3]_m = - \ \phantom{0{,}0^5} \ 00000 \ 24999 \ 9023, \\
[2]_m - [4]_m = + \ \phantom{0{,}0^5} \ 00024 \ 99960 \ 9350, \\
[3]_m - [5]_m = + \ \phantom{0{,}0^5} \ 00000 \ 06249 \ 9609, \\
[4]_m - [6]_m = + \ \phantom{0{,}0^5} \ 00000 \ 00007 \ 8130.
\end{cases}$$

Man führt die Rechnungen aus und findet:

$$\text{bez. auf } x = 17{,}00, \qquad \Delta^2_{x\,+\,49\,h} = + \ 0{,}0^5 \ 00010 \ 77661 \ 730,$$
$$\text{bez. auf } x = 17{,}01, \qquad \Delta^2_{x\,-\,51\,h} = + \ 0{,}0^5 \ 00010 \ 77661 \ 725,$$

was wieder miteinander eine gute Übereinstimmung findet.

Es sei im folgenden die Tafel C hinzugefügt, die für $x = 0$ die Werte der sukzessiven Ableitungen liefern. Diese Werte findet man bei der Aufstellung gewisser Tafeln für den Wert von x in der Nähe von Null manchmal sehr nützlich.

C. Werte von $J'_n(0)$, $J''_n(0)$, ... für $n = 0 - 5$.

	$n = 0$	$n = 1$	$n = 2$	$n = 3$	$n = 4$	$n = 5$
$J'_n\ (0)$	0	+0,5	0	0	0	0
$J''_n\ (0)$	−0,5	0	+0,25	0	0	0
$J'''_n\ (0)$	0	−0,375	0	+0,125	0	0
$J^{IV}_n\ (0)$	+0,375	0	−0,25	0	+0,0625	0
$J^{V}_n\ (0)$	0	+0,3125	0	−0,15625	0	+0,03125
$J^{VI}_n\ (0)$	−0,3125	0	+0,23437 5	0	−0,09375	0
$J^{VII}_n\ (0)$	0	−0,27343 75	0	+0,16406 25	0	−0,05468 75
$J^{VIII}_n\ (0)$	+0,27343 75	0	−0,21875	0	+0,10937 5	0
$J^{IX}_n\ (0)$	0	+0,24609 375	0	−0,16406 25	0	+0,07031 25
$J^{X}_n\ (0)$	−0,24609 375	0	+0,20507 8125	0	−0,11718 75	0
$J^{XI}_n\ (0)$	0	−0,22558 59375	0	+0,16113 28125	0	−0,08056 64062 5
$J^{XII}_n\ (0)$	+0,22558 59375	0	−0,19335 9375	0	+0,12084 96093 75	0
$J^{XIII}_n\ (0)$	0	+0,20947 26562 5	0	−0,15710 44921 875	0	+0,08728 02734 375
$J^{XIV}_n\ (0)$	−0,20947 26562 5	0	+0,18328 85742 1875	0	−0,12219 23828 125	0

A. Werte von $[0]_m$, $[1]_m$, $\cdots$ $[6]_m$ für $m = 1$.

	$[0]_m$	$[1]_m$	$[2]_m$	$[3]_m$	$[4]_m$	$[5]_m$	$[6]_m$
	$-0{,}00000$	$+0{,}00004\ 999$	$+0{,}00000$	$+0{,}0^5\,00000$	$+0{,}0^{10}$	$+0{,}0^{15}$	$+0{,}0^{15}$
Δx , x−h	00024 99999 9984	99 99937 50000	00012 49999 9990	00020 83333	00000 0003	00000	00000
x+h , x−2h	00074 99999 9766	99 99562 50000	00037 49999 9844	00145 83333	0 0039	000	„
x+2h , x−3h	00124 99999 8984	99 98812 50001	00062 49999 9323	00395 83333	0 0169	000	„
3 , −4	00174 99999 7266	99 97687 50002	00087 49999 8177	00770 83332	0 0456	000	„
4 , −5	00224 99999 4234	99 96187 50005	00112 49999 6156	01270 83331	0 0961	001	„
5 , −6	00274 99998 9516	99 94312 50012	00137 49999 3010	01895 83327	0 1747	001	„
6 , −7	00324 99998 2734	99 92062 50024	00162 49998 8490	02645 83322	0 2878	002	„
7 , −8	00374 99997 3516	99 89437 50042	00187 49998 2344	03520 83313	0 4414	004	„
8 , −9	00424 99996 1484	99 86437 50068	00212 49997 4323	04520 83299	0 6419	007	„
9 , −10	00474 99994 6266	99 83062 50107	00237 49996 4177	05645 83280	0 8956	011	„
10 , −11	00524 99992 7484	99 79312 50159	00262 49995 1656	06895 83254	1 2086	016	„
11 , −12	00574 99990 4766	99 75187 50229	00287 49993 6510	08270 83219	1 5872	023	„
12 , −13	00624 99987 7734	99 70687 50319	00312 49991 8490	09770 83174	2 0378	032	„
13 , −14	00674 99984 6016	99 65812 50434	00337 49989 7344	11395 83116	2 5664	043	„
14 , −15	00724 99980 9234	99 60562 50577	00362 49987 2830	13145 83045	3 1794	058	„
15 , −16	00774 99976 7016	99 54937 50753	00387 49984 4677	15020 82957	3 8831	075	„
16 , −17	00824 99971 8984	99 48937 50967	00412 49981 2656	17020 82850	4 6836	097	„
17 , −18	00874 99966 4766	99 42562 51223	00437 49977 6510	19145 82722	5 5872	122	„
18 , −19	00924 99960 3984	99 35812 51527	00462 49973 5990	21395 82570	6 6003	153	„
19 , −20	00974 99953 6266	99 28687 51885	00487 49969 0844	23770 82391	7 7289	189	„
20 , −21	01024 99946 1234	99 21187 52302	00512 49964 0823	26270 82182	8 9794	230	„
21 , −22	01074 99937 8516	99 13312 52785	00537 49958 5677	28895 81941	00010 3581	279	„
22 , −23	01124 99928 7735	99 05062 53340	00562 49952 5156	31645 81663	11 8711	334	„
23 , −24	01174 99918 8516	98 96437 53975	00587 49945 9011	34520 81346	13 5247	397	„
24 , −25	01224 99908 0485	98 87437 54695	00612 49938 6990	37520 80986	15 3253	470	„
25 , −26	01274 99896 3266	98 78062 55510	00637 49930 8844	40645 80578	17 2789	551	00001
26 , −27	01324 99883 6485	98 68312 56426	00662 49922 4323	43895 80120	19 3919	643	„
27 , −28	01374 99869 9766	98 58187 57452	00687 49913 3177	47270 79607	21 2706	745	„
28 , −29	01424 99855 2735	98 47687 58596	00712 49903 5157	50770 79035	24 1211	860	„
29 , −30	01474 99839 5016	98 36812 59867	00737 49893 0011	54395 78400	26 7497	987	„
30 , −31	01524 99822 6235	98 25562 61274	00762 49881 7490	58145 77696	29 5627	01127	00002
31 , −32	01574 99804 6016	98 13937 62826	00787 49869 7344	62020 76920	32 5664	01283	„
32 , −33	01624 99785 3985	98 01937 64534	00812 49856 9324	66020 76066	35 7669	01453	„
33 , −34	01674 99764 9767	97 89562 66406	00837 49843 3178	70145 75130	39 1705	01641	00003
34 , −35	01724 99743 2986	97 76812 68454	00862 49828 8657	74395 74106	42 7836	01845	„
35 , −36	01774 99720 3267	97 63687 70688	00887 49813 5511	78770 72989	46 6122	02069	00004
36 , −37	01824 99696 0236	97 50187 73119	00912 49797 3491	83270 71774	50 6627	02312	5
37 , −38	01874 99670 3518	97 36312 75758	00937 49780 2345	87895 70454	54 9413	02576	6
38 , −39	01924 99643 2737	97 22062 78617	00962 49762 1825	92645 69025	59 4544	02862	7
39 , −40	01974 99614 7518	97 07437 81708	00987 49743 1679	97520 67479	64 2080	03171	8
40 , −41	02024 99584 7487	96 92437 85042	01012 49723 1658	*02520 65812	69 2085	03504	9
41 , −42	02074 99553 2269	96 77062 88633	01037 49702 1513	07645 64017	74 4621	03863	10
42 , −43	02124 99520 1488	96 61312 92493	01062 49680 0992	12895 62087	79 9752	04249	12
43 , −44	02174 99485 4770	96 45187 96635	01087 49656 9847	18270 60016	85 7538	04663	14
44 , −45	02224 99449 1739	96 28688 01073	01112 49632 7826	23770 57797	91 8043	05107	16
45 , −46	02274 99411 2021	96 11813 05820	01137 49607 4681	29395 55423	98 1329	05582	18
46 , −47	02324 99371 5240	95 94563 10891	01162 49581 0161	35145 52888	00104 7459	06089	21
47 , −48	02374 99330 1022	95 76938 16299	01187 49553 4015	41020 50184	111 6496	06630	23
48 , −49	02424 99286 8991	95 58938 22061	01212 49524 5995	47020 47303	118 8501	07206	27
49 , −50	02474 99241 8773	95 40563 28189	01237 49494 5850	53145 44239	126 3537	07819	30
50 , −51	02524 99194 9993	95 21813 34701	01262 49463 3329	59395 40983	134 1667	08470	34
51 , −52	02574 99146 2275	95 02688 41611	01287 49430 8184	65770 37528	142 2953	09161	38
52 , −53	02624 99095 5245	94 83188 48936	01312 49397 0164	72270 33865	150 7458	09894	43
53 , −54	02674 99042 8527	94 63313 56691	01337 49361 9019	78895 29988	159 5244	10669	48
54 , −55	02724 98988 1747	94 43063 64894	01362 49325 4499	85645 25886	00168 6374	11489	54
55 , −56	02774 98931 4529	94 22438 73561	01387 49287 6354	92520 21553	00178 0910	12356	00060
	$-0{,}00000$	$+0{,}00004\ 999$	$+0{,}00000$	$+0{,}0^5\,00001$	$+0{,}0^{10}$	$+0{,}0^{15}$	$+0{,}0^{15}$

Werte von $[0]_m$, $[1]_m$, $\cdots$ $[6]_m$ für $m = 2$.

	$[0]_m$	$[1]_m$	$[2]_m$	$[3]_m$	$[4]_m$	$[5]_m$	$[6]_m$
	$-0{,}0^5$ 00049 999	$-0{,}0^{10}$	$+0{,}0^5$ 00024 999	$+0{,}0^{10}$	$+0{,}0^{10}$ 0000	$+0{,}0^{15}$	$+0{,}0^{15}$
Δ^2_{x-h}	99 9969	0	99 9979	0	0 00052	0	00000
x , x− 2h	99 9781	00375 00000	99 9854	00125 00000	0 00365	00000	,,
x+ h, − 3	99 9219	00750 00000	99 9479	00250 00000	0 01302	000	,,
2 , − 4	99 8281	01124 99999	99 8854	00374 99999	0 02865	000	,,
3 , − 5	99 6969	01499 99997	99 7979	00499 99998	0 05052	000	,,
4 , − 6	99 5281	01874 99993	99 6854	00624 99997	0 07865	001	,,
5 , − 7	99 3219	02249 99989	99 5479	00749 99994	0 11302	001	,,
6 , − 8	99 0781	02624 99982	99 3854	00874 99991	0 15365	002	,,
7 , − 9	98 7969	02999 99973	99 1979	00999 99987	0 20052	003	,,
8 , −10	98 4781	03374 99962	98 9854	01124 99981	0 25365	004	,,
9 , −11	98 1219	03749 99948	98 7479	01249 99974	0 31302	005	,,
10 , −12	97 7281	04124 99930	98 4854	01374 99965	0 37865	007	,,
11 , −13	97 2969	04499 99910	98 1979	01499 99955	0 45052	009	,,
12 , −14	96 8281	04874 99885	97 8854	01624 99943	0 52865	011	,,
13 , −15	96 3219	05249 99857	97 5479	01749 99928	0 61302	014	,,
14 , −16	95 7781	05624 99824	97 1854	01874 99912	0 70365	018	,,
15 , −17	95 1969	05999 99786	96 7979	01999 99893	0 80052	021	,,
16 , −18	94 5781	06374 99744	96 3854	02124 99872	0 90365	026	,,
17 , −19	93 9219	06749 99696	95 9479	02249 99848	1 01302	030	,,
18 , −20	93 2281	07124 99642	95 4854	02374 99821	1 12865	036	,,
19 , −21	92 4969	07499 99583	94 9979	02499 99791	1 25052	042	,,
20 , −22	91 7281	07874 99517	94 4854	02624 99759	1 37864	048	,,
21 , −23	90 9219	08249 99445	93 9479	02749 99722	1 51302	056	,,
22 , −24	90 0781	08624 99366	93 3854	02874 99683	1 65364	063	,,
23 , −25	89 1969	08999 99279	92 7979	02999 99640	1 80052	072	,,
24 , −26	88 2781	09374 99186	92 1854	03124 99593	1 95364	081	,,
25 , −27	87 3219	09749 99084	91 5479	03249 99542	2 11302	092	,,
26 , −28	86 3281	10124 98974	90 8854	03374 99487	2 27864	103	,,
27 , −29	85 2969	10499 98856	90 1979	03499 99428	2 45052	114	,,
28 , −30	84 2281	10874 98729	89 4854	03624 99364	2 62864	127	,,
29 , −31	83 1219	11249 98593	88 7479	03749 99226	2 81302	141	,,
30 , −32	81 9781	11624 98448	87 9854	03874 99224	3 00364	155	,,
31 , −33	80 7969	11999 98293	87 1979	03999 99146	3 20052	171	,,
32 , −34	79 5781	12374 98127	86 3854	04124 99064	3 40364	187	,,
33 , −35	78 3219	12749 97952	85 5479	04249 98976	3 61302	205	,,
34 , −36	77 0281	13124 97766	84 6854	04374 98883	3 82864	223	,,
35 , −37	75 6969	13499 97569	83 7979	04499 98785	4 05051	243	,,
36 , −38	74 3281	13874 97361	82 8854	04624 98680	4 27864	264	,,
37 , −39	72 9219	14249 97141	81 9479	04749 98571	4 51301	286	,,
38 , −40	71 4782	14624 96909	80 9854	04874 98455	4 75364	309	,,
39 , −41	69 9969	14999 96666	79 9979	04999 98333	5 00051	333	,,
40 , −42	68 4782	15374 96409	78 9854	05124 98205	5 25363	359	,,
41 , −43	66 9219	15749 96140	77 9479	05249 98070	5 51301	386	,,
42 , −44	65 3282	16124 95858	76 8854	05374 97929	5 77863	414	,,
43 , −45	63 6969	16499 95562	75 7980	05499 97781	6 05051	444	,,
44 , −46	62 0282	16874 95253	74 6855	05624 97626	6 32863	475	,,
45 , −47	60 3219	17249 94929	73 5480	05749 97465	6 61300	507	,,
46 , −48	58 5782	17624 94591	72 3855	05874 97296	6 90363	541	,,
47 , −49	56 7969	17999 94239	71 1980	05999 97119	7 20050	576	,,
48 , −50	54 9782	18374 93871	69 9855	06124 96936	7 50362	613	,,
49 , −51	53 1220	18749 93488	68 7480	06249 96744	7 81300	651	,,
50 , −52	51 2282	19124 93090	67 4855	06374 96545	8 12862	691	,,
51 , −53	49 2970	19499 92675	66 1980	06499 96338	8 45049	732	,,
52 , −54	47 3282	19874 92245	64 8855	06624 96122	8 77862	776	00001
53 , −55	45 3220	20249 91797	63 5480	06749 95899	9 11299	820	,,
54 , −56	43 2782	20624 91333	62 1855	06874 95667	9 45361	867	,,
55 , −57	41 1970	20999 90852	60 7980	06999 95426	9 80048	00915	,,
	$-0{,}0^5$ 00049 999	$-0{,}0^{10}$	$+0{,}0^5$ 00024 999	$+0{,}0^{10}$	$+0{,}0^{10}$ 0000	$+0{,}0^{15}$	$+0{,}0^{15}$

Werte von $[0]_m$, $[1]_m$, $\cdots$ $[6]_m$ für $m = 3$.

	$[0]_m$	$[1]_m$	$[2]_m$	$[3]_m$	$[4]_m$	$[5]_m$	$[6]_m$
	$+0{,}0^{10}\ 0000$	$-0{,}0^{10}\ 00375$	$-0{,}0^{10}\ 00000$	$+0{,}0^{10}\ 00125$	$+0{,}0^{15}$	$+0{,}0^{15}$	
$\varDelta^1_{x}-h,\ x-2h$	0 0187	00000	01250	00000	00312	00000	$+0{,}0^{30}$
x , − 3	0 0562	00000	03750	00000	00937	00	„
x+ h, − 4	0 0937	*99999	06250	*99999	01562	00	„
2 , − 5	0 1312	99998	08750	99	02187	00	„
3 , − 6	0 1687	99997	11250	98	02812	00	„
4 , − 7	0 2062	99995	13750	98	03437	00	„
5 , − 8	0 2437	99993	16250	97	04062	01	„
6 , − 9	0 2812	99991	18750	96	04687	01	„
7 , −10	0 3187	99989	21250	94	05312	01	„
8 , −11	0 3562	99986	23750	93	05937	01	„
9 , −12	0 3937	99983	26250	91	06562	02	„
10 , −13	0 4312	99979	28750	90	07187	02	„
11 , −14	0 4687	99976	31250	88	07812	02	„
12 , −15	0 5062	99971	33750	86	08437	03	„
13 , −16	0 5437	99967	36250	84	09062	03.	„
14 , −17	0 5812	99962	38750	81	09687	04	„
15 , −18	0 6187	99957	41250	79	10312	04	„
16 , −19	0 6562	99952	43750	76	10937	05	„
17 , −20	0 6937	99946	46250	73	11562	05	„
18 , −21	0 7312	99941	48750	70	12187	06	„
19 , −22	0 7687	99934	51250	67	12812	07	„
20 , −23	0 8062	99928	53750	64	13437	07	„
21 , −24	0 8437	99921	56250	60	14062	08	„
22 , −25	0 8812	99914	58750	57	14687	09	„
23 , −26	0 9187	99906	61250	53	15312	09	„
24 , −27	0 9562	99898	63750	49	15937	10	„
25 , −28	0 9937	99890	66250	45	16562	11	„
26 , −29	1 0312	99882	68750	41	17187	12	„
27 , −30	1 0687	99873	71250	37	17812	13	„
28 , −31	1 1062	99864	73750	32	18437	14	„
29 , −32	1 1437	99855	76250	27	19062	15	„
30 , −33	1 1812	99845	78750	22	19687	16	„
31 , −34	1 2187	99835	81250	17	20312	17	„
32 , −35	1 2562	99825	83750	12	20937	18	„
33 , −36	1 2937	99814	86250	07	21562	19	„
34 , −37	1 3312	99803	88750	02	22187	20	„
35 , −38	1 3687	99792	91250	99896	22812	21	„
36 , −39	1 4062	99780	93750	90	23437	22	„
37 , −40	1 .4437	99768	96250	84	24062	23	„
38 , −41	1 4812	89756	98750	78	24687	24	„
39 , −42	1 5187	99744	*01250	72	25312	26	„
40 , −43	1 5562	99731	03750	65	25937	27	„
41 , −44	1 5937	99718	06250	59	26562	28	„
42 , −45	1 6312	99704	08750	52	27187	30	„
43 , −46	1 6687	99691	11250	45	27812	31	„
44 , −47	1 7062	99676	13750	38	28437	32	„
45 , −48	1 7437	99662	16250	31	29062	34	„
46 , −49	1 7812	99647	18750	24	29687	35	„
47 , −50	1 8187	99632	21250	16	30312	37	„
48 , −51	1 8562	99617	23750	09	30937	38	„
49 , −52	1 8937	99601	26249	01	31562	40	„
50 , −53	1 9312	99586	28749	99793	32187	41	„
51 , −54	1 9687	99569	31249	85	32812	43	„
52 , −55	2 0062	99553	33749	76	33437	45	„
53 , −56	2 0437	99536	36249	68	34062	46	„
54 , −57	2 0812	99519	38749	59	34687	48	„
55 , −58	2 1187	99501	41249	51	35312	50	„
	$+0{,}0^{10}\ 0000$	$-0{,}0^{10}\ 00374$	$-0{,}0^{10}\ 00001$	$+0{,}0^{10}\ 00124$	$+0{,}0^{15}$	$+0{,}0^{15}$	

Werte von $[0]_m$, $[1]_m$, $\cdots$ $[6]_m$ für $m = 4$.

	$[0]_m$	$[1]_m$	$[2]_m$	$[3]_m$	$[4]_m$	$[5]_m$	$[6]_m$
$\Delta_x^4 - 2h$	$+0{,}0^{15}\ 03750$	o	$-0{,}0^{15}\ 02500$	o	$+0{,}0^{15}\ 00625$	o	$+0{,}0^{20}$
x−h, x−3h	„	$+0{,}0^{15}\ 00000$	„	$-0{,}0^{15}\ 00000$	„	$+0{,}0^{15}\ 00000$	„
x , −4	„	01	„	0	„	„	„
x+h, −5	„	01	„	0	„	„	„
2h, −6	„	01	„	1	„	„	„
3 , −7	„	02	„	1	„	„	„
4 , −8	„	02	„	1	„	„	„
5 , −9	„	02	„	1	„	„	„
6 , −10	„	02	„	1	„	„	„
7 , −11	„	03	„	1	„	„	„
8 , −12	„	03	„	2	„	„	„
9 , −13	„	03	„	2	„	„	„
10 , −14	„	04	„	2	„	„	„
11 , −15	„	04	„	2	„	„	„
12 , −16	„	04	„	2	„	„	„
13 , −17	„	05	„	2	„	„	„
14 , −18	„	05	„	3	„	„	„
15 , −19	„	05	„	3	„	00001	„
16 , −20	„	06	„	3	„	„	„
17 , −21	„	06	„	3	„	„	„
18 , −22	„	06	„	3	„	„	„
19 , −23	„	07	„	3	„	„	„
20 , −24	„	07	„	3	„	„	„
21 , −25	„	07	„	4	„	„	„
22 , −26	„	08	„	4	„	„	„
23 , −27	„	08	„	4	„	„	„
24 , −28	„	08	„	4	„	„	„
25 , −29	„	08	„	4	„	„	„
26 , −30	„	09	„	4	„	„	„
27 , −31	„	09	„	5	„	„	„
28 , −32	„	09	„	5	„	„	„
29 , −33	„	10	„	5	„	„	„
30 , −34	„	10	„	5	„	„	„
31 , −35	„	10	„	5	„	„	„
32 , −36	„	11	„	5	„	„	„
33 , −37	„	11	„	5	„	„	„
34 , −38	„	11	„	6	„	„	„
35 , −39	„	12	„	6	„	„	„
36 , −40	„	12	„	6	„	„	„
37 , −41	„	12	„	6	„	„	„
38 , −42	„	12	„	6	„	„	„
39 , −45	„	13	„	6	„	„	„
40 , −44	„	13	„	7	„	„	„
41 , −45	„	13	„	7	„	„	„
42 , −46	„	14	„	7	„	„	„
43 , −47	„	14	„	7	„	„	„
44 , −48	„	14	„	7	„	„	„
45 , −49	„	15	„	7	„	„	„
46 , −50	„	15	„	8	„	„	„
47 , −51	„	15	„	8	„	00002	„
48 , −52	„	16	„	8	„	„	„
49 , −53	„	16	„	8	„	„	„
50 , −54	„	16	„	8	„	„	„
51 , −55	„	17	„	8	„	„	„
52 , −56	„	17	„	8	„	„	„
53 , −57	„	17	„	9	„	„	„
54 , −58	„	17	„	9	„	„	„
55 , −59	„	00018	„	00009	„	„	„

B. Werte von $J_0(nh)$, $J_1(nh)$, $\cdots J_6(nh)$

für $\begin{cases} n = 0,\ 1,\ \cdots,\ 55 \\ h = 0{,}0001. \end{cases}$

n	$J_0(nh)$	$J_1(nh)$	$J_2(nh)$
0	1	0	0
1	0,99999 99975 00000 002	0,00004 99999 99937 500	$0,0^5$ 00012 49999 999
2	99900 00000 025	09 99999 99500 000	00049 99999 983
3	99775 00000 127	14 99999 98312 500	00112 49999 916
4	99600 00000 400	19 99999 96000 000	00199 99999 733
5	99375 00000 977	24 99999 92187 500	00312 49999 349
6	99100 00002 025	29 99999 86500 000	00449 99998 650
7	98775 00003 752	34 99999 78562 500	00612 49997 499
8	98400 00006 400	39 99999 68000 001	00799 99995 733
9	97975 00010 252	44 99999 54437 502	01012 49993 166
10	97500 00015 625	49 99999 37500 003	01249 99989 583
11	96975 00022 877	54 99999 16812 504	01512 49984 749
12	96400 00032 400	59 99998 92000 006	01799 99978 400
13	95775 00044 627	64 99998 62687 510	02112 49970 249
14	95100 00060 025	69 99998 28500 014	02449 99959 983
15	94375 00079 102	74 99997 89062 520	02812 49947 266
16	93600 00102 400	79 99997 44000 027	03199 99931 733
17	92775 00130 502	84 99996 92937 537	03612 49912 999
18	91900 00164 025	89 99996 35500 049	04049 99890 650
19	90975 00203 627	94 99995 71312 564	04512 49864 249
20	90000 00250 000	99 99995 00000 083	04999 99833 333
21	88975 00303 876	0,00104 99994 21187 606	05512 49797 416
22	87900 00366 025	109 99993 34500 134	06049 99755 983
23	86775 00437 251	114 99992 39562 668	06612 49708 499
24	85600 00518 400	119 99991 36000 207	07199 99654 400
25	84375 00610 351	124 99990 23437 754	07812 49593 099
26	83100 00714 025	129 99989 01500 309	08449 99523 983
27	81775 00830 377	134 99987 69812 874	09112 49446 416
28	80400 00960 400	139 99986 28000 448	09799 99359 733
29	78975 01105 126	144 99984 75688 034	10512 49263 249
30	77500 01265 625	149 99983 12500 633	11249 99156 250
31	75975 01443 001	154 99981 38063 246	12012 49037 999
32	74400 01638 400	159 99979 52000 874	12799 98907 734
33	72775 01853 001	164 99977 53938 519	13612 48764 666
34	71100 02088 024	169 99975 43501 183	14449 98607 984
35	69375 02344 726	174 99973 20313 868	15312 48436 850
36	67600 02624 399	179 99970 84001 575	16199 98250 401
37	65775 02928 375	184 99968 34189 306	17112 48047 750
38	63900 03258 024	189 99965 70502 063	18049 97827 984
39	61975 03614 750	194 99962 92564 850	19012 47590 167
40	60000 03999 998	199 99960 00002 667	19999 97333 335
41	57975 04415 249	204 99956 92440 517	21012 47056 501
42	55900 04862 023	209 99953 69503 403	22049 96758 652
43	53775 05341 874	214 99950 30816 328	23112 46438 751
44	51600 05856 397	219 99946 76004 295	24199 96095 736
45	49375 06407 223	224 99943 04692 305	25312 45728 518
46	47100 06996 021	229 99939 16505 364	26449 95335 986
47	44775 07624 497	234 99935 11068 473	27612 44917 002
48	42400 08294 395	239 99930 88006 636	28799 94470 404
49	39975 09007 496	244 99926 46944 856	30012 43995 003
50	37500 09765 618	249 99921 87508 138	31249 93489 588
51	34975 10570 619	254 99917 09321 485	32512 42952 921
52	32400 11424 391	259 99912 12009 901	33799 92383 740
53	29775 12328 867	264 99906 95198 391	35112 41780 756
54	27100 13286 014	269 99901 58511 957	36449 91142 658
55	24375 14297 840	274 99896 01575 606	37812 40468 108

n	$J_3(nh)$	$J_4(nh)$	$J_5(nh)$	$J_6(nh)$
0	0	0	0	0
1	$0,0^5$ 00000 00020 83333	$0,0^{10}$ 00000 00026	$0,0^{10}$ 00000 00000	$0,0^{15}$ 00000
2	0 00166 66667	00 00417	00000	00
3	0 00562 50000	00 02109	00000	00
4	0 01333 33332	00 06667	00000	00
5	0 02604 16663	00 16276	00001	00
6	0 04499 99990	00 33750	00002	00
7	0 07145 83311	00 62526	00004	00
8	0 10666 66624	01 06667	00008	00
9	0 15187 49923	01 70859	00015	00
10	0 20833 33203	02 60417	00026	00
11	0 27729 16457	03 81276	00042	00
12	0 35999 99676	05 40000	00065	00
13	0 45770 82850	07 43776	00097	00
14	0 57166 65966	10 00417	00140	00
15	0 70312 49011	13 18359	00198	00
16	0 85333 31968	17 06666	00273	00
17	1 02354 14818	21 75026	00370	00
18	1 21499 97540	27 33750	00492	00
19	1 42895 80109	33 93775	00645	00
20	1 66666 62500	41 66666	00833	00
21	1 92937 44682	50 64608	01064	00
22	2 21833 26623	61 00415	01342	00
23	2 53479 08286	72 87524	01676	00
24	2 87999 89632	86 39997	02074	00
25	3 25520 70618	$0,0^{10}$ 00101 72523	02543	01
26	3 66166 51196	119 00412	03094	01
27	4 10062 31317	138 39604	03737	01
28	4 57333 10924	159 66660	04482	01
29	5 08103 89959	183 78768	05341	01
30	5 62499 68359	210 93741	06328	02
31	6 20645 46056	240 10014	07456	02
32	6 82666 22976	272 66653	08738	02
33	7 48686 99042	308 43343	10192	03
34	8 18832 74173	347 60397	11832	03
35	8 93228 48279	390 38752	13678	04
36	9 71999 21268	436 99972	15746	05
37	10 55269 93042	487 66243	18058	06
38	11 43165 63496	542 60377	20634	07
39	12 35811 32521	602 05814	23496	08
40	13 33332 00000	666 66613	26667	09
41	14 35852 65812	735 87464	30171	10
42	15 43498 29829	810 33679	34034	12
43	16 56393 91916	890 31194	38283	14
44	17 74664 51932	976 06572	42947	16
45	18 98435 09729	$0,0^{10}$ 01067 87001	48054	18
46	20 27830 65153	01166 00293	53636	21
47	21 62976 18041	01270 74886	59725	23
48	23 03996 68224	01382 39841	66355	27
49	24 51017 15527	01501 24846	73561	30
50	26 04162 59766	01627 60213	81380	34
51	27 63558 00749	01761 76880	89850	38
52	29 29328 38276	01904 06409	99011	43
53	31 01598 72142	02054 80987	$0,0^{10}$ 00001 08905	48
54	32 80494 02129	02214 33427	1 19574	54
55	00034 66139 28016	02382 97166	1 31063	00060

Tafel VIII.

	x = 1	x = 2	x = 3	x = 4	x = 5
J_0-J_2	+0,65029 42016 26066 07098	−0,12894 32494 74402 05110	−0,74614 32154 87824 52	−0,76127 79557 15920 18	−0,22416 18875 92090 52
J_2-J_4	+0,11242 68459 67790 52543	+0,31883 83088 08069 28500	+0,35405 70766 61278 87	+0,08299 90808 90712 70	−0,34466 75141 80895 96
J_4-J_6	245 57006 26107 56577	+0,03279 32908 35778 44087	+0,12064 02515 92399 14	+0,23204 14898 04974 53	+0,26018 38986 76956 18
J_6-J_8	2 08441 14560 66322	118 02494 19502 06737	+ 1090 04905 56004 23	+0,04505 89073 35566 57	+0,11264 35151 26890 00
J_8-J_{10}	939 60380 21368	2 19280 13659 65423	48 05134 24563 12	383 36272 66158 97	1693 74140 07491 53
$J_{10}-J_{12}$	2 62561 54055	2496 05933 12295	1 27007 79100 88	18 87760 92865 72	139 15245 15649 63
$J_{12}-J_{14}$	499 28328	19 21965 68425	2246 92388 32	61208 42147 40	7 34768 35851 27
$J_{14}-J_{16}$	68782	10684 40442	28 52668 26	1411 47955 60	27245 45652 63
$J_{16}-J_{18}$	72	44 91189	27283 27	24 38556 79	751 18912 60
$J_{18}-J_{20}$		14778	203 76	32778 57	16 03541 04
$J_{20}-J_{22}$		39	1 22	352 82	27318 51
$J_{22}-J_{24}$			01	3 11	380 33
$J_{24}-J_{26}$				02	4 41
$J_{26}-J_{28}$					04

	x = 1	x = 2	x = 3	x = 4	x = 5
J_1	+0,44005 05857 44933 51596	+0,57672 48077 56873 38720	+0,33905 89585 25936 46	−0,06604 33280 23549 14	−0,32757 91375 91465 22
J_1-J_3	+0,42048 72317 62265 11004	+0,44778 15582 82471 33610	+0,02999 62362 70684 82	−0,49621 48018 99171 08	−0,69241 03682 05132 22
J_3-J_5	1931 35962 52457 17149	+0,12190 36197 18530 36561	+0,26603 42873 78204 06	+0,29808 48178 28523 67	+0,10369 06844 93496 90
J_5-J_7	24 82554 04393 79762	686 46856 81003 41132	4048 11404 25242 89	+0,11691 05866 25039 82	+0,20776 41359 64279 38
J_7-J_9	14970 76567 25690	17 24517 31433 14110	246 28994 30495 60	1423 74675 60840 89	+0,04785 61270 16415 03
J_9-J_{11}	52 37270 11245	24693 00587 54939	8 26010 31646 75	90 20009 49134 96	516 93556 89709 48
$J_{11}-J_{13}$	11960 81130	228 93353 38266	17673 98966 04	3 56150 53399 34	33 57198 67560 36
$J_{13}-J_{15}$	19 23319	1 48775 89938	262 99931 83	9663 79838 17	1 47279 07878 10
$J_{15}-J_{17}$	2295	715 64233	2 88320 96	191 84159 70	4681 47651 09
$J_{17}-J_{19}$	2	2 65149	2427 24	2 91160 08	113 08394 08
$J_{19}-J_{21}$		780	16 19	3491 11	2 14938 76
$J_{21}-J_{23}$		2	09	33 92	3301 51
$J_{23}-J_{25}$				27	41 86
$J_{25}-J_{27}$				00	45

Tafel III.

Die Funktionen $e^{\pi x}$, $e^{-\pi x}$, $\mathfrak{Sin}\,\pi x$, $\mathfrak{Cos}\,\pi x$.

Tafel IX.

Werte von x^4, x^5.

x	$e^{\pi x}$	$e^{-\pi x}$	Sin πx	Cos πx	x	$e^{\pi x}$	$e^{-\pi x}$	Sin πx	Cos πx
0	1	1	0	1	0,50	4,81047 7	0,20787 96	2,30129 9	2,50917 8
0,01	1,03191 46	0,96907 24	0,03142 1	1,00049 4	1	4,96400 2	0,20145 04	38127 6	58272 6
2	1,06484 78	0,93910 14	06287 3	00197 5	2	5,12242 6	0,19522 00	46360 3	65882 3
3	1,09883 20	0,91005 72	09438 7	00444 5	3	5,28590 6	0,18918 23	54836 2	73754 4
4	1,13390 08	0,88191 14	12599 5	00790 6	4	3,45460 4	0,18333 14	63563 6	81896 8
5	1,17008 88	0,85463 60	15772 6	01236 2	5	5,62868 6	0,17766 14	72551 2	91317 4
6	1,20743 17	0,82820 42	18961 4	01781 8	6	5,80832 3	0,17216 67	81807 8	99024 5
7	1,24596 64	0,80258 98	22168 8	02427 8	7	5,99369 3	0,16684 20	91342 6	3,08026 8
8	1,28573 10	0,77776 77	25398 2	03174 9	8	6,18498 0	0,16168 20	3,01164 9	17333 1
9	1,32676 46	0,75371 32	28652 6	04023 9	9	6,38237 1	0,15668 16	11284 5	26952 6
0,10	1,36910 78	0,73040 27	31935 3	04975 5	0,60	6,58606 2	0,15183 58	21711 3	36894 9
1	1,41280 23	0,70781 31	35249 5	06030 8	1	6,79625 4	0,14713 99	32455 7	47169 7
2	1,45789 14	0,68592 22	38598 5	07190 7	2	7,01315 3	0,14258 92	43528 2	57787 1
3	1,50441 94	0,66470 83	41985 6	08456 4	3	7,23697 6	0,13817 93	54939 8	68757 7
4	1,55243 24	0,64415 04	45414 1	09829 1	4	7,46794 1	0,13390 57	78618 6	92009 1
5	1,60197 76	0,62422 84	48887 5	11310 3	5	7,70627 7	0,12976 43	91122 8	4,04099 2
6	1,65310 41	0,60492 26	52409 1	12901 3	6	7,95222 0	0,12575 10	4,04013 1	16588 2
7	1,70586 23	0,58621 38	55982 4	14603 8	7	8,20601 2	0,12186 19	17302 1	29488 3
8	1,76030 43	0,56808 36	59611 0	16419 4	8	8,46790 4	0,11809 30	31003 0	42812 3
9	1,81648 37	0,55051 42	63298 5	18349 9	9	8,73815 4	0,11444 06	45129 4	56573 5
0,20	1,87445 61	0,53348 81	67048 4	20397 2	0,70	9,01702 9	0,11090 13	45306 4	56396 5
1	1,93427 86	0,51698 86	70864 5	22563 4	1	9,30480 4	0,10747 14	59866 6	70613 7
2	1,99601 04	0,50099 94	74750 5	24850 5	2	9,60176 3	0,10414 75	74880 8	85295 5
3	2,05971 23	0,48550 47	78710 4	27260 8	3	9,90819 9	0,10092 65	90363 6	5,00456 3
4	2,12544 72	0,47048 92	82747 9	29796 8	4	10,22441 6	0,09780 51	5,06330 5	16111 0
5	2,19328 00	0,45593 81	86867 1	32460 9	5	10,55072 4	9478 02	22797 2	32275 2
6	2,26327 77	0,44183 71	91072 0	35255 7	6	10,88744 6	9184 89	39779 9	48964 8
7	2,33550 94	0,42817 21	95366 9	38184 1	7	11,23491 5	8900 82	57295 3	66196 2
8	2,41004 63	0,41492 98	99755 8	41248 8	8	11,59347 3	8625 54	75360 9	83986 4
9	2,48696 20	0,40209 70	1,04243 2	44452 9	9	11,96347 4	8358 78	93994 3	6,02353 1
0,30	2,56633 24	0,38966 11	08833 6	47799 7	0,80	12,34528 4	8100 26	6,13214 1	21314 3
1	2,64823 59	0,37760 99	13531 3	51292 3	1	12,73927 9	7849 74	33039 1	40888 8
2	2,73275 33	0,36593 13	18341 1	54934 2	2	13,14584 8	7606 96	53488 9	61095 9
3	2,81996 81	0,35461 39	23267 7	58729 1	3	13,56539 3	7371 70	74583 8	81955 5
4	2,90996 63	0,34364 66	28316 0	62680 6	4	13,99832 7	7143 71	96344 5	7,03488 2
5	3,00283 68	0,33301 84	33490 9	66792 2	5	14,44507 8	6922 77	7,18792 5	25715 3
6	3,09867 11	0,32271 90	38797 6	71069 5	6	14,90608 7	6708 67	41950 0	48658 7
7	3,19756 40	0,31273 81	44241 3	75515 1	7	15,38180 7	6501 19	65839 9	72341 1
8	3,29961 31	0,30306 58	49827 4	80133 9	8	15,87271 4	6300 12	90485 6	96785 8
9	3,40491 89	0,29369 27	55561 3	84930 6	9	16,37928 6	6105 27	8,15911 6	8,22016 9
0,40	3,51358 56	0,28460 95	61448 8	89909 8	0,90	16,90202 4	5916 45	42143 0	48059 4
1	3,62572 04	0,27580 73	67495 7	95076 4	1	17,44144 6	5733 47	69205 6	74939 0
2	3,74143 38	0,26727 72	73707 8	2,00435 6	2	17,99808 3	5556 15	97126 1	9,02682 2
3	3,86084 02	0,25901 10	80091 5	05992 6	3	18,57248 5	5384 31	9,25932 1	31316 4
4	3,98405 75	0,25100 04	86652 9	11752 9	4	19,16521 8	5217 79	55652 0	60869 1
5	4,11120 71	0,24323 76	93398 5	17722 2	5	19,77686 9	5056 41	86315 2	91371 7
6	4,24241 47	0,23571 48	2,00335 0	23906 5	6	20,40804 0	4900 03	10,17952 0	10,22852 3
7	4,37780 98	0,22842 47	07469 3	30311 7	7	21,05935 5	4748 48	50593 5	55342 0
8	4,51752 59	0,22136 01	14808 3	36944 3	8	21,73145 6	4601 62	84272 0	88873 6
9	4,66170 10	0,21451 40	22359 4	43810 7	9	22,42500 7	4459 31	11,19020 7	11,23480 0

x	x^4	x^5	x	x^4	x^5	x	x^4	x^5	x	x^4	x^5
0	0	0	10	10000	1 00000	20	1 60000	32 00000	30	8 10000	243 00000
1	1	1	11	14641	1 61051	21	1 94481	40 84101	31	9 23521	286 29151
2	16	32	12	20736	2 48832	22	2 34256	51 53632	32	10 48576	335 54432
3	81	243	13	28561	3 71293	23	2 79841	64 36343	33	11 85921	391 35393
4	256	1024	14	38416	5 37824	24	3 31776	79 62624	34	13 36336	454 35424
5	625	3125	15	50625	7 59375	25	3 90625	97 65625	35	15 00625	525 21875
6	1296	7776	16	65536	10 48576	26	4 56976	118 81376	36	16 79616	604 66176
7	2401	16807	17	83521	14 19857	27	5 31441	143 48907	37	18 74161	693 43957
8	4096	32768	18	1 04976	18 89568	28	6 14656	172 10368	38	20 85136	792 35168
9	6561	59049	19	1 30321	24 76099	29	7 07281	205 11149	39	23 13441	902 24199

x	$e^{\pi x}$	$e^{-\pi x}$	$\mathfrak{Sin}\,\pi x$	$\mathfrak{Cos}\,\pi x$	x	$e^{\pi x}$	$e^{-\pi x}$	$\mathfrak{Sin}\,\pi x$	$\mathfrak{Cos}\,\pi x$
1,00	23,14069	0,04321 39	11,54874	11,59195	1,50	111,3178	0,00898 32910	55,6544	55,6634
1	23,87922	4187 74	11,91867	11,96055	1	114,8704	870 54596	57,4309	57,4396
2	24,64132	4058 22	12,30037	12,34095	2	118,5365	843 62209	59,2640	59,2725
3	25,42773	3932 71	12,69420	12,73353	3	122,3195	817 53090	61,1557	61,1639
4	26,23925	3811 08	13,10057	13,13868	4	126,2233	792 24666	63,1077	63,1156
5	27,07666	3693 22	13,51987	13,55680	5	130,2517	767 74439	65,1220	65,1297
6	27,94081	3578 99	13,95251	13,98830	6	134,4086	743 99992	67,2006	67,2080
7	28,83253	3468 31	14,39892	14,43360	7	138,6982	720 98981	69,3455	69,3527
8	29,75271	3361 04	14,85955	14,89316	8	143,1247	698 69134	71,5589	71,5659
9	30,70225	3257 09	15,33484	15,36741	9	147,6925	677 08251	73,8429	73,8496
1,10	31,68210	3156 36	15,82527	15,85683	1,60	152,4060	656 14199	76,1997	76,2063
1	32,69322	3058 74	16,33132	16,36191	1	157,2700	635 84911	78,6318	78,6382
2	33,73662	2964 14	16,85349	16,88313	2	162,2892	616 18384	81,1415	81,1477
3	34,81331	2872 46	17,39229	17,42102	3	167,4686	597 12677	83,7313	83,7373
4	35,92436	2783 63	17,94826	17,97610	4	172,8133	578 65909	86,4038	86,4096
5	37,07087	2697 54	18,52195	18,54892	5	178,3286	560 76257	89,1615	89,1671
6	38,25398	2614 11	19,11392	19,14006	6	184,0199	543 41954	92,0072	92,0127
7	39,47484	2533 26	19,72475	19,75008	7	189,8928	526 61289	94,9438	94,9490
8	40,73466	2454 91	20,35506	20,37960	8	195,9532	510 32604	97,9740	97,9791
9	42,03469	2378 99	21,00545	21,02924	9	202,2069	494 54289	101,1011	101,1059
1,20	43,37621	2305 41	21,67658	21,69963	1,70	208,6603	479 24788	104,3277	104,3325
1	44,76055	2234 11	22,36910	22,39144	1	215,3196	464 42590	107,6575	107,6621
2	46,18906	2165 01	23,08371	23,10536	2	222,1914	450 06234	111,0935	111,0980
3	47,66317	2098 06	23,82109	23,84207	3	229,2826	436 14300	114,6391	114,6435
4	49,18432	2033 17	24,58199	24,60233	4	236,6001	422 65416	118,2979	118,3021
5	50,75402	1970 29	25,36716	25,38686	5	244,1511	409 58249	122,0735	122,0776
6	52,37381	1909 35	26,17736	26,19645	6	251,9430	396 91510	125,9695	125,9735
7	54,04530	1850 30	27,01340	27,03190	7	259,9837	384 63948	129,9899	129,9938
8	55,77014	1793 07	27,87610	27,89404	8	268,2810	372 74351	134,1386	134,1424
9	57,55002	1737 62	28,76632	28,78370	9	276,8431	361 21546	138,4197	138,4234
1,30	59,38671	1683 88	29,68494	29,70177	1,80	285,6784	350 04394	142,8375	142,8410
1	61,28201	1631 80	30,63285	30,64917	1	294,7957	339 21793	147,3962	147,3996
2	63,23780	1581 33	31,61100	31,62681	2	304,2040	328 72674	152,1004	152,1037
3	65,25602	1532 43	32,62035	32,63567	3	313,9126	318 56002	156,9547	156,9579
4	67,33864	1485 03	33,66189	33,67674	4	323,9310	308 70773	161,9639	161,9670
5	69,48772	1439 10	34,73667	34,75106	5	334,2691	299 16015	167,1331	167,1361
6	71,70540	1394 60	35,84573	35,85967	6	344,9372	289 90785	172,4671	172,4700
7	73,99385	1351 46	36,99017	37,00368	7	355,9457	280 94171	177,9715	177,9743
8	76,35533	1309 67	38,17112	38,18421	8	367,3056	272 25286	183,6514	183,6542
9	78,79218	1269 16	39,38975	39,40244	9	379,0280	263 83274	189,5127	189,5153
1,40	81,30680	1229 91	40,64375	40,66305	1,90	391,1245	255 67304	195,5610	195,5636
1	83,90168	1191 87	41,94488	41,95680	1	403,6071	247 76569	201,8023	201,8048
2	86,57937	1155 01	43,28391	43,29546	2	416,4881	240 10290	208,2429	208,2453
3	89,34252	1119 29	44,66566	44,67686	3	429,7802	232 67710	214,8889	214,8912
4	92,19385	1084 67	46,09150	46,10235	4	443,4964	225 48096	221,7471	221,7493
5	95,13618	1051 12	47,56283	47,57335	5	457,6504	218 50738	228,8241	228,8263
6	98,17242	1018 62	49,08111	49,09130	6	472,2562	211 74948	236,1270	236,1292
7	101,30555	0,00987 11	50,64784	50,65771	7	487,3281	205 20058	243,6630	243,6651
8	104,53868	956 58	52,26456	52,27412	8	502,8809	198 85422	251,4395	251,4415
9	107,87499	927 00	53,93286	53,94213	9	518,9302	192 70414	259,4641	259,4661

x	x^4	x^5	x	x^4	x^5	x	x^4	x^5	x	x^4	x^5
40	25 60000	1024 00000	50	62 50000	3125 00000	60	129 60000	7776 00000	70	240 10000	16807 00000
41	28 25761	1158 56201	51	67 65201	3450 25251	61	138 45841	8445 96301	71	254 11681	18042 29351
42	31 11696	1306 91232	52	73 11616	3802 04032	62	147 76336	9161 32832	72	268 73856	19349 17632
43	34 18801	1470 08443	53	78 90481	4181 95493	63	157 52961	9924 36543	73	283 98241	20730 71593
44	37 48096	1649 16224	54	85 03056	4591 65024	64	167 77216	10737 41824	74	299 86576	22190 06624
45	41 00625	1845 28125	55	91 50625	5032 84375	65	178 50625	11602 90625	75	316 40625	23730 46875
46	44 77456	2059 62976	56	98 34496	5507 31776	66	189 74736	12523 32576	76	333 62176	25355 25376
47	48 79681	2293 45007	57	105 56001	6016 92057	67	201 51121	13501 25107	77	351 53041	27067 84157
48	53 08416	2548 03968	58	113 16496	6563 56768	68	213 81376	14539 33568	78	370 15056	28871 74368
49	57 64801	2824 75249	59	121 17361	7149 24299	69	226 67121	15640 31349	79	389 50081	30770 56399

x	$e^{\pi x}$	$e^{-\pi x}$	$\mathfrak{Sin}\,\pi x$	$\mathfrak{Cof}\,\pi x$	x	$e^{\pi x}$	$e^{-\pi x}$	$\mathfrak{Sin}\,\pi x$	$\mathfrak{Cof}\,\pi x$
2,00	535,4917	0,00186 74427	267,7449	··· 7468[1]	2,50	2575,9705	0,00038 82032	1287,985	··· 985[1]
1	552,5817	180 96873	276,2899	··· 2917	1	2658,1816	37 61970	1329,091	··· 091
2	570,2171	175 37180	285,1077	··· 1094	2	2743,0164	36 45622	1371,508	··· 508
3	588,4154	169 94798	294,2068	··· 2085	3	2830,5588	35 32871	1415,279	··· 280
4	607,1944	164 69190	303,5964	··· 5980	4	2920,8950	34 23608	1460,447	··· 448
5	626,5728	159 59838	313,2856	··· 2872	5	3014,1142	33 17724	1507,057	··· 057
6	646,5696	154 66239	323,2840	··· 2856	6	3110,3085	32 15115	1555,154	··· 154
7	667,2046	149 87906	333,6016	··· 6031	7	3209,5728	31 15679	1604,786	··· 787
8	688,4982	145 24366	344,2484	··· 2498	8	3312,0051	30 19319	1656,002	··· 003
9	710,4714	140 75163	355,2350	··· 2364	9	3417,7064	29 25939	1708,853	··· 853
2,10	733,1458	136 39852	366,5722	··· 5736	2,60	3526,7812	28 35447	1763,390	··· 391
1	756,5439	132 18004	378,2713	··· 2726	1	3639,3371	27 47753	1819,668	··· 669
2	780,6887	128 09204	390,3437	··· 3450	2	3755,4851	26 62772	1877,742	··· 743
3	805,6040	124 13046	402,8014	··· 8026	3	3875,3400	25 80419	1937,670	··· 670
4	831,3146	120 29141	415,6567	··· 6579	4	3999,0200	25 00613	1999,510	··· 510
5	857,8457	116 57109	428,9222	··· 9234	5	4126,6472	24 23275	2063,323	··· 324
6	885,2235	112 96582	442,6112	··· 6123	6	4258,3475	23 48329	2129,174	··· 174
7	913,4750	109 47207	456,7370	··· 7381	7	4394,2510	22 75701	2197,125	··· 126
8	942,6282	106 08636	471,3136	··· 3147	8	4534,4919	22 05319	2267,246	··· 246
9	972,7119	102 80537	486,3554	··· 3564	9	4679,2084	21 37114	2339,604	··· 604
2,20	1003,7556	0,00099 62585	501,8773	··· 8783	2,70	4828,5436	20 71018	2414,272	··· 272
1	1035,7901	96 54466	517,8946	··· 8955	1	4982,6447	20 06966	2491,322	··· 322
2	1068,8469	93 55877	534,4230	··· 4239	2	5141,6639	19 44896	2570,832	··· 832
3	1102,9587	90 66522	551,4789	··· 4798	3	5305,7581	18 84745	2652,879	··· 879
4	1138,1592	87 86117	569,0792	··· 0801	4	5475,0893	18 26454	2737,545	··· 545
5	1174,4832	85 14383	587,2412	··· 2420	5	5649,8247	17 69966	2824,912	··· 912
6	1211,9663	82 51054	605,9828	··· 9836	6	5830,1367	17 15226	2915,068	··· 068
7	1250,6458	79 95869	625,3225	··· 3233	7	6016,2032	16 62178	3008,102	··· 102
8	1290,5597	77 48576	645,2794	··· 2802	8	6208,2081	16 10771	3104,104	··· 104
9	1331,7474	75 08932	665,8733	··· 8741	9	6406,3406	15 60954	3203,170	··· 170
2,30	1374,2496	72 76699	687,1244	··· 1252	2,80	6610,7965	15 12677	3305,398	··· 398
1	1418,1082	70 51648	709,0538	··· 0545	1	6821,7776	14 65894	3410,889	··· 889
2	1463,3666	68 33558	731,6830	··· 6836	2	7039,4920	14 20557	3519,746	··· 746
3	1510,0694	66 22212	755,0344	··· 0350	3	7264,1547	13 76623	3632,077	··· 077
4	1558,2627	64 17403	779,1310	··· 1317	4	7495,9874	13 34047	3747,994	··· 994
5	1607,9940	62 18929	803,9967	··· 9973	5	7735,2190	12 92788	3867,609	··· 610
6	1659,3125	60 26592	829,6560	··· 6566	6	7982,0855	12 52805	3991,043	··· 043
7	1712,2689	58 40204	856,1341	··· 1347	7	8236,8307	12 14059	4118,415	··· 415
8	1766,9153	56 59581	883,4573	··· 4579	8	8499,7060	11 76511	4249,853	··· 853
9	1823,3057	54 84544	911,6526	··· 6531	9	8770,9708	11 40125	4385,485	··· 485
2,40	1881,4958	53 14920	940,7476	··· 7482	2,90	9050,8929	11 04863	4525,446	··· 447
1	1941,5430	51 50543	970,7712	··· 7718	1	9339,7487	10 70693	4669,874	··· 874
2	2003,5066	49 91249	1001,7530	··· 7535	2	9637,8232	10 37579	4818,912	··· 912
3	2067,4477	48 36882	1033,7236	··· 7241	3	9945,4106	10 05489	4972,705	··· 705
4	2133,4295	46 87289	1066,7145	··· 7150	4	10262,8145	0,00009 74392	5131,407	··· 407
5	2201,5171	45 42322	1100,7583	··· 7588	5	10590,3483	9 44256	5295,174	··· 174
6	2271,7777	44 01839	1135,8886	··· 8891	6	10928,3352	9 15052	5464,168	··· 168
7	2344,2806	42 65701	1172,1401	··· 1405	7	11277,1088	8 86752	5638,554	··· 554
8	2419,0974	41 33773	1209,5485	··· 5489	8	11637,0134	8 59327	5818,507	··· 507
9	2496,3020	40 05926	1248,1508	··· 1512	9	12008,4042	8 32750	6004,202	··· 202

x	x^4	x^5	x	x^4	x^5	x	x^4	x^5
80	409 60000	32768 00000	90	656 10000	59049 00000	100	1000 00000	1 00000 00000
1	430 46721	34867 84401	1	685 74961	62403 21451	1	1040 60401	1 05101 00501
2	452 12176	37073 98432	2	716 39296	65908 15232	2	1082 43216	1 10408 08032
3	474 58321	39390 40643	3	748 05201	69568 83693	3	1125 50881	1 15927 40743
4	497 87136	41821 19424	4	780 74896	73390 40224	4	1169 85856	1 21665 29024
5	522 00625	44370 53125	5	814 50625	77378 09375	5	1215 50625	1 27628 15625
6	547 00816	47042 70176	6	849 34656	81537 26976	6	1262 47696	1 33822 55776
7	572 89761	49842 09207	7	885 29281	85873 40257	7	1310 79601	1 40255 17307
8	599 69536	52773 19168	8	922 36816	90392 07968	8	1360 48896	1 46932 80768
9	627 42241	55840 59449	9	960 59601	95099 00499	9	1411 58161	1 53862 39549

[1] Die anfangs mit „··· " bezeichneten bzw. nicht vollständig angegebenen Ziffern von $\mathfrak{Cof}\,\pi x$ sind den entsprechenden Werten von $\mathfrak{Sin}\,\pi x$ zu entnehmen. Z. B. $\mathfrak{Cof}$ 2,31 = 709,0545.

x	$e^{\pi x}$	$e^{-\pi x}$	Sin πx	Cos πx	x	$e^{\pi x}$	$e^{-\pi x}$	Sin πx	Cos πx
3,00	12391,648	0,00008 06995 18	6195,82	...[1]	**3,50**	59609,74	0,00001 67757 815	29804,87	...[1]
1	12787,122	7 82036 77	6393,56	...	1	61512,16	1 62569 473	30756,08	...
2	13195,219	7 57850 27	6597,61	...	2	63475,30	1 57541 594	31737,65	...
3	13616,339	7 34411 80	6808,17	...	3	65501,09	1 52669 214	32750,55	...
4	14050,899	7 11698 23	7025,45	...	4	67591,53	1 47947 526	33795,77	...
5	14499,328	6 89687 13	7249,66	...	5	69748,69	1 43371 868	34874,35	...
6	14962,069	6 68356 78	7481,03	...	6	71974,69	1 38937 724	35987,35	...
7	15439,577	6 47686 13	7719,79	...	7	74271,74	1 34640 717	37135,87	...
8	15932,325	6 27654 76	7966,16	...	8	76642,09	1 30476 607	38321,05	...
9	16440,800	6 08242 93	8220,40	...	9	79088,09	1 26441 282	39544,05	...
3,10	16965,501	5 89431 45	8482,75	...	**3,60**	81612,16	1 22530 760	40806,08	...
1	17506,949	5 71201 76	8753,47	...	1	84216,78	1 18741 181	42108,39	...
2	18065,676	5 53535 88	9032,84	...	2	86904,53	1 15068 804	43452,26	...
3	18642,235	5 36416 36	9321,12	...	3	89678,05	1 11510 005	44839,03	...
4	19237,195	5 19826 30	9618,60	...	4	92540,09	1 08061 271	46270,05	...
5	19851,143	5 03749 33	9925,57	...	5	95493,47	1 04719 198	47746,74	...
6	20484,684	4 88169 59	10242,34	...	6	98541,11	1 01480 488	49270,56	...
7	21138,445	4 73071 69	10569,22	...	7	1 01686,01	0,00000 98341 942	50843,01	...
8	21813,071	4 58440 73	10906,54	...	8	1 04931,28	95300 465	52465,64	...
9	22509,226	4 44262 27	11254,61	...	9	1 08280,12	92353 053	54140,06	...
3,20	23227,600	4 30522 32	11613,80	...	**3,70**	1 11735,84	89496 797	55867,92	...
1	23968,900	4 17207 31	11984,45	...	1	1 15301,85	86728 878	57650,92	...
2	24733,858	4 04304 10	12366,93	...	2	1 18981,66	84046 564	59490,83	...
3	25523,229	3 91799 95	12761,61	...	3	1 22778,92	81447 208	61389,46	...
4	26337,793	3 79682 53	13168,90	...	4	1 26697,36	78928 243	63348,68	...
5	27178,354	3 67939 87	13589,18	...	5	1 30740,86	76487 184	65370,43	...
6	28045,741	3 56560 38	14022,87	...	6	1 34913,40	74121 621	67456,70	...
7	28940,810	3 45532 83	14470,40	...	7	1 39219,11	71829 219	69609,55	...
8	29864,444	3 34846 34	14932,22	...	8	1 43662,23	69607 716	71831,12	...
9	30817,557	3 24490 36	15408,78	...	9	1 48247,16	67454 918	74123,58	...
3,30	31801,087	3 14454 66	15900,54	...	**3,80**	1 52978,41	65368 701	76489,21	...
1	32816,007	3 04729 34	16408,00	...	1	1 57860,66	63347 006	78930,33	...
2	33863,317	2 95304 80	16931,66	...	2	1 62898,72	61387 837	81449,36	...
3	34944,052	2 86171 74	17472,03	...	3	1 68097,57	59489 260	84048,78	...
4	36059,278	2 77321 14	18029,64	...	4	1 73462,34	57649 401	86731,17	...
5	37210,096	2 68744 27	18605,05	...	5	1 78998,32	55866 445	89499,16	...
6	38397,641	2 60432 66	19198,82	...	6	1 84710,99	54138 632	92355,49	...
7	39623,087	2 52378 11	19811,54	...	7	1 90605,97	52464 255	95302,98	...
8	40887,643	2 44572 67	20443,82	...	8	1 96689,08	50841 663	98344,54	...
9	42192,556	2 37008 63	21096,28	...	9	2 02966,34	49269 254	1 01483,17	...
3,40	43539,116	2 29678 53	21769,56	...	**3,90**	2 09443,93	47745 475	1 04721,97	...
1	44928,650	2 22575 13	22464,32.	...	1	2 16128,25	46268 823	1 08064,13	...
2	46362,530	2 15691 42	23181,27	...	2	2 23025,90	44837 841	1 11512,95	...
3	47842,173	2 09020 61	23921,09	...	3	2 30143,69	43451 115	1 15071,84	...
4	49369,037	2 02556 11	24684,52	...	4	2 37488,64	42107 278	1 18744,32	...
5	50944,631	1 96291 54	25472,32	...	5	2 45067,99	40805 002	1 22534,00	...
6	52570,509	1 90220 72	26285,25	...	6	2 52889,25	39543 002	1 26444,62	...
7	54248,277	1 84337 65	27124,14	...	7	2 60960,11	38320 033	1 30480,05	...
8	55979,590	1 78636 54	27989,79	...	8	2 69288,55	37134 887	1 34644,27	...
9	57766,157	1 73111 74	28883,08	...	9	2 77882,79	35986 395	1 38941,40	...

x	x^4	x^5	x	x^4	x^5	x	x^4	x^5
110	1464 10000	1 61051 00000	**120**	2073 60000	2 48832 00000	**130**	2856 10000	3 71293 00000
1	1518 07041	1 68505 81551	1	2143 58881	2 59374 24601	1	2944 99921	3 85794 89651
2	1573 51936	1 76234 16832	2	2215 33456	2 70270 81632	2	3025 95776	4 00746 42432
3	1630 47361	1 84243 51793	3	2288 86641	2 81530 56843	3	3129 00721	4 16157 95893
4	1688 96016	1 92541 45824	4	2364 21376	2 93162 50624	4	3224 17936	4 32040 03424
5	1749 00625	2 01135 71875	5	2441 40625	3 05175 78125	5	3321 50625	4 48403 34375
6	1810 63936	2 10034 16576	6	2520 47376	3 17579 69376	6	3421 02016	4 65258 74176
7	1873 88721	2 19244 80357	7	2601 44641	3 30383 69407	7	3522 75361	4 82617 24457
8	1938 77776	2 28775 77568	8	2684 35456	3 43597 38368	8	3626 73936	5 00490 03168
9	2005 33921	2 38635 36599	9	2769 22881	3 57230 51649	9	3733 01041	5 18888 44699

[1] Siehe die Bemerkung auf S. 40.

x	$e^{\pi x}$	$e^{-\pi x}$	$\mathfrak{Sin}\,\pi x$	$\mathfrak{Cof}\,\pi x$	x	$e^{\pi x}$	$e^{-\pi x}$	$\mathfrak{Sin}\,\pi x$	$\mathfrak{Cof}\,\pi x$
4,00	2 86751,3	$0,0^5$ 34873 424	1 43375,7	...[1]	**4,50**	13 79410,7	$0,0^5$ 07249 473	6 89705	...[1]
1	2 95902,9	33794 873	1 47951,4	...	1	14 23434,1	7025 264	7 11717	...
2	3 05346,5	32749 680	1 52673,2	...	2	14 68862,4	6807 990	7 34431	...
3	3 15091,5	31736 812	1 57545,8	...	3	15 15740,6	6597 435	7 57870	...
4	3 25147,5	30755 269	1 62573,8	...	4	15 64114,9	6393 392	7 82057	...
5	3 35524,5	29804 083	1 67762,2	...	5	16 14033,0	6195 660	8 07016	...
6	3 46232,6	28882 315	1 73116,3	...	6	16 65544,2	6004 043	8 32772	...
7	3 57282,5	27989 055	1 78641,3	...	7	17 18699,4	5818 353	8 59350	...
8	3 68685,0	27123 422	1 84342,5	...	8	17 73551,1	5638 405	8 86776	...
9	3 80451,5	26284 560	1 90225,7	...	9	18 30153,3	5464 023	9 15077	...
4,10	3 92593,5	25471 642	1 96296,7	...	**4,60**	18 88561,9	5295 034	9 44281	...
1	4 05122,9	24683 866	2 02561,5	...	1	19 48834,6	5131 272	9 74417	...
2	4 18052,3	23920 454	2 09026,1	...	2	20 11030,9	4972 574	10 05515	...
3	4 31394,2	23180 653	2 15697,1	...	3	20 75212,2	4818 784	10 37606	...
4	4 45162,0	22463 731	2 22581,0	...	4	21 41441,8	4669 751	10 70721	...
5	4 59369,2	21768 983	2 29684,6	...	5	22 09785,1	4525 327	11 04893	...
6	4 74029,8	21095 721	2 37014,9	...	6	22 80309,6	4385 369	11 40155	...
7	4 89158,3	20443 281	2 44579,1	...	7	23 53084,8	4249 741	11 76542	...
8	5 04769,6	19811 020	2 52384,8	...	8	24 28182,6	4118 306	12 14091	...
9	5 20879,1	19198 313	2 60439,5	...	9	25 05677,1	3990 937	12 52839	...
4,20	5 37502,7	18604 556	2 68751,4	...	**4,70**	25 85644,8	3867 507	12 92822	...
1	5 54656,9	18029 162	2 77328,5	...	1	26 68164,7	3747 895	13 34082	...
2	5 72358,6	17471 564	2 86179,3	...	2	27 53318,1	3631 981	13 76659	...
3	5 90625,2	16931 211	2 95312,6	...	3	28 41189,2	3519 653	14 20595	...
4	6 09474,8	16407 570	3 04737,4	...	4	29 31864,6	3410 799	14 65932	...
5	6 28925,9	15900 123	3 14463,0	...	5	30 25434,0	3305 311	15 12717	...
6	6 48997,9	15408 371	3 24498,9	...	6	31 21989,5	3203 086	15 60995	...
7	6 69710,4	14931 828	3 34855,2	...	7	32 21626,6	3104 022	16 10813	...
8	6 91083,9	14470 022	3 45542,0	...	8	33 24443,6	3008 022	16 62222	...
9	7 13139,6	14022 500	3 56569,8	...	9	34 30541,9	2914 991	17 15271	...
4,30	7 35899,2	13588 818	3 67949,6	...	**4,80**	35 40026,4	2824 838	17 70013	...
1	7 59385,1	13168 549	3 79692,6	...	1	36 53005,0	2737 472	18 26502	...
2	7 83620,6	12761 277	3 91810,3	...	2	37 69589,2	2652 809	18 84795	...
3	8 08629,6	12366 602	4 04314,8	...	3	38 89894,2	2570 764	19 44947	...
4	8 34436,7	11984 133	4 17218,3	...	4	40 14038,7	2491 257	20 07019	...
5	8 61067,4	11613 493	4 30533,7	...	5	41 42145,2	2414 208	20 71073	...
6	8 88548,0	11254 316	4 44274,0	...	6	42 74340,1	2339 542	21 37170	...
7	9 16905,7	10906 247	4 58452,8	...	7	44 10754,1	2267 186	22 05377	...
8	9 46168,4	10568 943	4 73084,2	...	8	45 51521,6	2197 067	22 75761	...
9	9 76365,0	10242 072	4 88182,5	...	9	46 96781,6	2129 118	23 48391	...
4,40	10 07525,3	09925 309	5 03762,6	...	**4,90**	48 46677,6	2063 269	24 23339	...
1	10 39680,1	09618 343	5 19840,0	...	1	50 01357,5	1999 457	25 00679	...
2	10 72861,1	09320 871	5 36430,5	...	2	51 60973,9	1937 619	25 80487	...
3	11 07101,0	09032 599	5 53550,5	...	3	53 25684,4	1877 693	26 62842	...
4	11 42433,7	08753 243	5 71216,9	...	4	54 95651,5	1819 620	27 47826	...
5	11 78894,0	08482 527	5 89447,0	...	5	56 71043,1	1763 344	28 35522	...
6	12 16518,0	08220 183	6 08259,0	...	6	58 52032,3	1708 808	29 26016	...
7	12 55342,7	07965 952	6 27671,3	...	7	60 38797,7	1655 959	30 19399	...
8	12 95406,5	07719 585	6 47703,2	...	8	62 31523,6	1604 744	31 15762	...
9	13 36748,9	07480 837	6 68374,4	...	9	64 30400,2	1555 113	32 15200	...

x	x^4	x^5	x	x^4	x^5	x	x^4	x^5
140	3841 60000	5 37824 00000	**150**	5062 50000	7 59375 00000	**160**	6553 60000	10 48576 00000
1	3952 54161	5 57308 36701	1	5198 85601	7 85027 25751	1	6718 98241	10 81756 16801
2	4065 86896	5 77353 39232	2	5337 94816	8 11368 12032	2	6887 47536	11 15771 00832
3	4181 61601	5 97971 08943	3	5479 81281	8 38411 35993	3	7059 11761	11 50636 17043
4	4299 81696	6 19173 64224	4	5624 48656	8 66170 93024	4	7233 94816	11 86367 49824
5	4420 50625	6 40973 40625	5	5772 00625	8 94660 96875	5	7412 00625	12 22981 03125
6	4543 71856	6 63382 90976	6	5922 40896	9 23895 79776	6	7593 33136	12 60493 00576
7	4669 48881	6 86414 85507	7	6075 73201	9 53389 92557	7	7777 96321	12 98919 85607
8	4797 85216	7 10082 11968	8	6232 61296	9 84658 04768	8	7965 94176	13 38278 21568
9	4928 84401	7 34397 75749	9	6391 28961	10 16215 04799	9	8157 30721	13 78584 91849

[1] Siehe die Bemerkung auf S. 40.

x	$e^{\pi x}$	$e^{-\pi x}$	Sin πx	Cos πx
5,00	66 35624	0,0^5 01507 017	33 1781[2]	...[1]
1	68 47397	1460 409	34 2370	...
2	70 65929	1415 242	35 3296	...
3	72 91436	1371 472	36 4572	...
4	75 24139	1329 056	37 6207	...
5	77 64269	1287 951	38 8213	...
6	80 12063	1248 118	40 0603	...
7	82 67765	1209 517	41 3388	...
8	85 31627	1172 109	42 6581	...
9	88 03911	1135 859	44 0196	...
5,10	90 84884	1100 730	45 4244	...
1	93 74825	1066 687	46 8741	...
2	96 74019	1033 697	48 3701	...
3	99 82761	1001 727	49 9138	...
4	103 01357	0,0^5 00970 746	51 5068	...
5	106 30121	940 723	53 1506	...
6	109 69378	911 629	54 8469	...
7	113 19461	883 434	56 5973	...
8	116 80717	856 112	58 4036	...
9	120 53503	829 634	60 2675	...
5,20	124 38186	803 976	62 1909	...
1	128 35146	779 111	64 1757	...
2	132 44774	755 015	66 2239	...
3	136 67476	731 664	68 3374	...
4	141 03669	709 035	70 5183	...
5	145 53782	687 107	72 7689	...
6	150 18260	665 856	75 0913	...
7	154 97562	645 263	77 4878	...
8	159 92161	625 306	79 9608	...
9	165 02544	605 967	82 5127	...
5,30	170 29217	587 226	85 1461	...
1	175 72698	569 065	87 8635	...
2	181 33524	551 465	90 6676	...
3	187 12248	534 409	93 5612	...
4	193 09442	517 881	96 5472	...
5	199 25696	501 865	99 6285	...
6	205 61617	486 343	102 8080	...
7	212 17833	471 302	106 0892	...
8	218 94992	456 725	109 4750	...
9	225 93762	442 600	112 9688	...
5,40	233 14833	428 912	116 5742	...
1	240 58917	415 646	120 2946	...
2	248 26748	402 791	124 1337	...
3	256 19084	390 334	128 0954	...
4	264 36707	378 262	132 1835	...
5	272 80425	366 563	136 4021	...
6	281 51069	355 226	140 7553	...
7	290 49500	344 240	145 2475	...
8	299 76603	333 594	149 8830	...
9	309 33295	323 276	154 6665	...

x	$e^{\pi x}$	$e^{-\pi x}$	Sin πx	Cos πx
5,50	319 20519	0,0^5 00313 278	159 6026[3]	...[1]
1	329 39250	303 589	164 6963	...
2	339 90494	294 200	169 9525	...
3	350 75287	285 101	175 3764	...
4	361 94702	276 284	180 9735	...
5	373 49841	267 739	186 7492	...
6	385 41847	259 458	192 7092	...
7	397 71896	251 434	198 8595	...
8	410 41200	243 658	205 2060	...
9	423 51014	236 122	211 7551	...
5,60	437 02631	228 819	218 5132	...
1	450 97383	221 742	225 4869	...
2	465 36649	214 884	232 6832	...
3	480 21848	208 239	240 1092	...
4	495 54447	201 798	247 7722	...
5	511 35958	195 557	255 6798	...
6	527 67943	189 509	263 8397	...
7	544 52011	183 648	272 2601	...
8	561 89826	177 968	280 9491	...
9	579 83103	172 464	289 9155	...
5,70	598 33611	167 130	299 1681	...
1	617 43178	161 961	308 7159	...
2	637 13688	156 952	318 5684	...
3	657 47086	152 098	328 7354	...
4	678 45379	147 394	339 2269	...
5	700 10638	142 836	350 0532	...
6	722 45000	138 418	361 2250	...
7	745 50672	134 137	372 7534	...
8	769 29928	129 989	384 6496	...
9	793 85117	125 968	396 9256	...
5,80	819 18662	122 072	409 5933	...
1	845 33065	118 297	422 6653	...
2	872 30905	114 638	436 1545	...
3	900 14846	111 093	450 0742	...
4	928 87635	107 657	464 4382	...
5	958 52108	104 327	479 2605	...
6	989 11191	101 101	494 5560	...
7	1020 67904	0,0^5 00097 974	510 3395	...
8	1053 25362	94 944	526 6268	...
9	1086 86780	92 008	543 4339	...
5,90	1121 55477	89 162	560 7774	...
1	1157 34876	86 404	578 6744	...
2	1194 28510	83 732	597 1426	...
3	1232 40025	81 142	616 2001	...
4	1271 73183	78 633	635 8659	...
5	1312 31867	76 201	656 1593	...
6	1354 20081	73 844	677 1004	...
7	1397 41961	71 561	698 7098	...
8	1442 01772	69 347	721 0089	...
9	1488 03916	67 203	744 0196	...

x	x^4	x^5	x	x^4	x^5	x	x^4	x^5
170	8352 10000	14 19357 00000	**180**	10497 60000	18 89568 00000	**190**	13032 10000	24 76099 00000
1	8550 36081	14 62111 69851	1	10732 83121	19 42642 44901	1	13308 63361	25 41949 01951
2	8752 13056	15 05366 45632	2	10971 99376	19 96902 86432	2	13589 54496	26 09192 63232
3	8957 45041	15 49638 92093	3	11215 13121	20 52369 01143	3	13874 88001	26 77851 84193
4	9166 36176	15 94946 94624	4	11462 28736	21 09060 87424	4	14164 68496	27 47948 88224
5	9378 90625	16 41308 59375	5	11713 50625	21 66998 65625	5	14459 00625	28 19506 21875
6	9595 12576	16 88742 13376	6	11968 83216	22 26202 78176	6	14757 89056	28 92546 54976
7	9815 06241	17 37266 04657	7	12228 30961	22 86693 89707	7	15061 38481	29 67092 80757
8	10038 75856	17 86899 02368	8	12491 98336	23 48492 87168	8	15369 53616	30 43168 15968
9	10266 25681	18 37659 96899	9	12759 89841	24 11620 79949	9	15682 39201	31 20796 00999

[1] Siehe die Bemerkung auf S. 40. [2] Sin 5,00 π = 33 17812,00. [3] Sin 5,50 π = 159 60259,58.

x	$e^{\pi x}$	$e^{-\pi x}$	Sin πx	Cos πx	x	$e^{\pi x}$	$e^{-\pi x}$	Sin πx	Cos πx
6,00	1535 5294 [2]	0,0⁵ 00065 1241	767 765 [3]	...[1]	**6,50**	7386 6292 [4]	0,0⁵ 00013 5380	3693 31 [5]	...[1]
1	1584 5352	63 1100	792 268	...	1	7622 3707	13 1193	3811 19	...
2	1635 1050	61 1582	817 553	...	2	7865 6357	12 7135	3932 82	...
3	1687 2888	59 2667	843 644	...	3	8116 6644	12 3203	4058 33	...
4	1741 1379	57 4337	870 569	...	4	8375 7046	11 9393	4187 85	...
5	1796 7057	55 6574	898 353	...	5	8643 0120	11 5700	4321 51	...
6	1854 0468	53 9361	927 023	...	6	8918 8504	11 2122	4459 43	...
7	1913 2180	52 2680	956 609	...	7	9203 4921	10 8654	4601 75	...
8	1974 2777	50 6514	987 139	...	8	9497 2180	10 5294	4748 61	...
9	2037 2860	49 0849	1018 643	...	9	9800 3181	10 2038	4900 16	...
6,10	2102 3052	47 5668	1051 153	...	**6,60**	10113 0915	0,0⁵ 00009 8882	5056 55	...
1	2169 3994	46 0957	1084 700	...	1	10435 8469	9 5824	5217 92	...
2	2238 6350	44 6701	1119 317	...	2	10768 9029	9 2860	5384 45	...
3	2310 0802	43 2885	1155 040	...	3	11112 5883	8 9988	5556 29	...
4	2383 8055	41 9497	1191 903	...	4	11467 2423	8 7205	5733 62	...
5	2459 8837	40 6523	1229 942	...	5	11833 2149	8 4508	5916 61	...
6	2538 3900	39 3951	1269 195	...	6	12210 8674	8 1894	6105 43	...
7	2619 4017	38 1767	1309 701	...	7	12600 5726	7 9361	6300 29	...
8	2702 9989	36 9959	1351 499	...	8	13002 7150	7 6907	6501 36	...
9	2789 2640	35 8518	1394 632	...	9	13417 6916	7 4528	6708 85	...
6,20	2878 2823	34 7429	1439 141	...	**6,70**	13845 9121	7 2223	6922 96	...
1	2970 1416	33 6684	1485 071	...	1	14287 7991	6 9990	7143 90	...
2	3064 9325	32 6271	1532 466	...	2	14743 7887	6 7825	7371 89	...
3	3162 7487	31 6181	1581 374	...	3	15214 3310	6 5728	7607 17	...
4	3263 6866	30 6402	1631 843	...	4	15699 8905	6 3695	7849 95	...
5	3367 8459	29 6926	1683 923	...	5	16200 9465	6 1725	8100 47	...
6	3475 3294	28 7743	1737 665	...	6	16717 9935	5 9816	8359 00	...
7	3586 2432	27 8843	1793 122	...	7	17251 5418	5 7966	8625 77	...
8	3700 6968	27 0219	1850 348	...	8	17802 1181	5 6173	8901 06	...
9	3818 8031	26 1862	1909 402	...	9	18370 2659	5 4436	9185 13	...
6,30	3940 6787	25 3763	1970 339	...	**6,80**	18956 5459	5 2752	9478 27	...
1	4066 4440	24 5915	2033 222	...	1	19561 5367	5 1121	9780 77	...
2	4196 2230	23 8310	2098 111	...	2	20185 8356	4 9540	10092 92	...
3	4330 1438	23 0939	2165 072	...	3	20830 0588	4 8008	10415 03	...
4	4468 3387	22 3797	2234 169	...	4	21494 8421	4 6523	10747 42	...
5	4610 9440	21 6875	2305 472	...	5	22180 8417	4 5084	11090 42	...
6	4758 1005	21 0168	2379 050	...	6	22888 7348	4 3690	11444 37	...
7	4909 9534	20 3668	2454 977	...	7	23619 2199	4 2338	11809 61	...
8	5066 6527	19 7369	2533 326	...	8	24373 0182	4 1029	12186 51	...
9	5228 3530	19 1265	2614 176	...	9	25150 8737	3 9760	12575 44	...
6,40	5395 2139	18 5349	2697 607	...	**6,90**	25953 5543	3 8530	12976 78	...
1	5567 4000	17 9617	2783 700	...	1	26781 3520	3 7339	13390 93	...
2	5745 0815	17 4062	2872 541	...	2	27636 5844	3 6184	13818 29	...
3	5928 4335	16 8679	2964 217	...	3	28518 5954	3 5065	14259 30	...
4	6117 6372	16 3462	3058 819	...	4	29428 7554	3 3980	14714 38	...
5	6312 8792	15 8406	3156 440	...	5	30367 9628	3 2929	15183 98	...
6	6514 3523	15 3507	3257 176	...	6	31337 1446	3 1911	15668 57	...
7	6722 2554	14 8760	3361 128	...	7	32337 2575	3 0924	16168 63	...
8	6936 7936	14 4159	3468 397	...	8	33369 2887	2 9968	16684 64	...
9	7158 1787	13 9700	3579 089	...	9	34434 2567	2 9041	17217 13	...

x	x^4	x^5	x	x^4	x^5	x	x^4	x^5
200	16000 00000	32 00000 00000	**210**	19448 10000	40 84101 00000	**220**	23425 60000	51 53632 00000
1	16322 40801	32 80804 01001	1	19821 19441	41 82272 02051	1	23854 43281	52 71829 65101
2	16649 66416	33 63232 16032	2	20199 63136	42 82321 84832	2	24289 12656	53 92186 09632
3	16981 81681	34 47308 81243	3	20583 46161	43 84277 32293	3	24729 73441	55 14730 77343
4	17318 91456	35 33058 57024	4	20972 73616	44 88165 53824	4	25176 30976	56 39493 38624
5	17661 00625	36 20506 28125	5	21367 50625	45 94013 84375	5	25628 90625	57 66503 90625
6	18008 14096	37 09677 03776	6	21767 82336	47 01849 84576	6	26087 57776	58 95792 57376
7	18360 36801	38 00596 17807	7	22173 73921	48 11701 40857	7	26552 37841	60 27389 89907
8	18717 73696	38 93289 28768	8	22585 30576	49 23596 65568	8	27023 36256	61 61326 66368
9	19080 29761	39 87782 20049	9	23002 57521	50 37563 97099	9	27500 58481	62 97633 92149

[1] Siehe die Bemerkung auf S. 40. [2] $e^{6,00\,\pi}$ = 1535 52935,4. [3] Sin 6,00 π = 767 76467,7.
$e^{6,50\,\pi}$ = 7386 62922,5. [5] Sin 6,50 π = 3693 31461,3.

45

x	$e^{\pi x}$	$e^{-\pi x}$	Sin πx	Cos πx	x	$e^{\pi x}$	$e^{-\pi x}$	Sin πx	Cos πx
7,00	35533 21[2]	$0{,}0^5$ 00002 81427	17766 6[3]	...[1]	7,50	1 70931 7[4]	$0{,}0^{10}$ 58502 9	85466[5]	...[1]
1	36667 24	2 72723	18333 6	...	1	1 76386 9	56693 5	88193	...
2	37837 46	2 64288	18918 7	...	2	1 82016 3	54940 1	91008	...
3	39045 03	2 56115	19822 5	...	3	1 87825 2	53241 0	93913	...
4	40291 14	2 48194	20145 6	...	4	1 93819 6	51594 4	96910	...
5	41577 01	2 40518	20788 5	...	5	2 00005 3	49998 7	1 00003	...
6	42903 93	2 33079	21452 0	...	6	2 06388 4	48452 3	1 03194	...
7	44273 19	2 25870	22136 6	...	7	2 12975 2	46953 8	1 06488	...
8	45686 15	2 18885	22843 1	...	8	2 19772 2	45501 7	1 09886	...
9	47144 21	2 12115	23572 1	...	9	2 26786 1	44094 4	1 13393	...
7,10	48648 80	2 05555	24324 4	...	7,60	2 34023 9	42730 7	1 17012	...
1	50201 41	1 99198	25100 7	...	1	2 41492 7	41409 1	1 20746	...
2	51803 56	1 93037	25901 8	...	2	2 49199 9	40128 4	1 24600	...
3	53456 85	1 87067	26728 4	...	3	2 57153 0	38887 4	1 28576	...
4	55162 91	1 81281	27581 5	...	4	2 65359 9	37684 7	1 32680	...
5	56923 41	1 75675	28461 7	...	5	2 73828 8	36519 2	1 36914	...
6	58740 10	1 70241	29370 1	...	6	2 82567 9	35389 7	1 41284	...
7	60614 77	1 64976	30307 2	...	7	2 91586 0	34295 2	1 45793	...
8	62549 27	1 59874	31274 6	...	8	3 00891 8	33234 5	1 50446	...
9	64545 50	1 54929	32272 8	...	9	3 10494 7	32206 7	1 55247	...
7,20	66605 45	1 50138	33302 7	...	7,70	3 20404 0	31210 6	1 60202	...
1	68731 13	1 45494	34365 6	...	1	3 30629 6	30245 3	1 65315	...
2	70924 66	1 40995	35462 3	...	2	3 41181 5	29309 9	1 70591	...
3	73188 20	1 36634	36594 1	...	3	3 52070 2	28403 4	1 76035	...
4	75523 97	1 32408	37762 0	...	4	3 63306 3	27525 0	1 81653	...
5	77934 29	1 28313	38967 1	...	5	3 74901 1	26673 7	1 87451	...
6	80421 53	1 24345	40210 8	...	6	3 86865 9	25848 7	1 93433	...
7	82988 15	1 20499	41494 1	...	7	3 99212 6	25049 3	1 99606	...
8	85636 69	1 16772	42818 3	...	8	4 11953 3	24274 6	2 05977	...
9	88369 75	1 13161	44184 9	...	9	4 25100 7	23523 8	2 12550	...
7,30	91190 04	1 09661	45595 0	...	7,80	4 38667 6	22796 3	2 19334	...
1	94100 33	1 06270	47050 2	...	1	4 52667 5	22091 7	2 26334	...
2	97103 51	1 02983	48551 8	...	2	4 67114 2	21408 0	2 33557	...
3	1 00202 53	$0{,}0^5$ 00000 99798	50101 3	...	3	4 82022 0	20745 9	2 41011	...
4	1 03400 45	96711	51700 2	...	4	4 97405 5	20104 3	2 48703	...
5	1 06700 44	93720	53350 2	...	5	5 13280 0	19482 5	2 56640	...
6	1 10105 74	90822	55052 9	...	6	5 29661 2	18880 5	2 64831	...
7	1 13619 72	88013	56809 9	...	7	5 46565 1	18296 1	2 73283	...
8	1 17245 85	85291	58622 9	...	8	5 64008 5	17730 2	2 82004	...
9	1 20987 71	82653	60493 9	...	9	5 82008 6	17181 9	2 91004	...
7,40	1 24848 99	80097	62424 5	...	7,90	6 00583 2	16650 5	3 00292	...
1	1 28833 49	77620	64416 7	...	1	6 19750 6	16135 5	3 09875	...
2	1 32945 16	75219	66472 6	...	2	6 39529 7	15636 5	3 19765	...
3	1 37188 06	72893	68594 0	...	3	6 59940 1	15152 9	3 29970	...
4	1 41566 36	70638	70783 2	...	4	6 81001 8	14684 2	3 40501	...
5	1 46084 40	68454	73042 2	...	5	7 02735 7	14230 1	3 51368	...
6	1 50746 63	66336	75373 3	...	6	7 25163 2	13790 0	3 62582	...
7	1 55557 65	64285	77778 8	...	7	7 48306 5	13363 5	3 74153	...
8	1 60522 21	62297	80261 1	...	8	7 72188 5	12950 2	3 86094	...
9	1 65645 21	60370	82822 6	...	9	7 96832 5	12549 7	3 98416	...

x	x^4	x^5	x	x^4	x^5	x	x^4	x^5
230	27984 10000	64 36343 00000	240	33177 60000	79 62624 00000	250	39062 50000	97 65625 00000
1	28473 96321	65 77485 50151	1	33734 02561	81 29900 17201	1	39691 26001	99 62506 26251
2	28970 22976	67 21093 30432	2	34297 42096	82 99975 87232	2	40327 58016	101 62550 20032
3	29472 95521	68 67198 56393	3	34867 84401	84 72886 09443	3	40971 52081	103 65794 76493
4	29982 19536	70 15833 71424	4	35445 35296	86 48666 12224	4	41623 14256	105 72278 21024
5	30498 00625	71 67031 46875	5	36030 00625	88 27351 53125	5	42282 50625	107 82039 09375
6	31020 44416	73 20824 82176	6	36621 86256	90 08978 18976	6	42949 67296	109 95116 27776
7	31549 56561	74 77247 04957	7	37220 98081	91 93582 26007	7	43624 70401	112 11548 93057
8	32085 42736	76 36331 71168	8	37827 42016	93 81200 19968	8	44307 66096	114 31376 52768
9	32628 08641	77 98112 65199	9	38441 24001	95 71868 76249	9	44998 60561	116 54638 85299

[1] Siehe die Bemerkung auf S. 40.

[2] $e^{7,00\,\pi}$ = 35533 21280,8.

[3] Sin 7,00 π = 17766 60640,4.

[4] $e^{7,50\,\pi}$ = 1 70931 71648,8.

[5] Sin 7,50 π = 85465 85824,4.

x	$e^{\pi x}$	$e^{-\pi x}$	$\mathfrak{Sin}\,\pi x$	$\mathfrak{Cos}\,\pi x$	x	$e^{\pi x}$	$e^{-\pi x}$	$\mathfrak{Sin}\,\pi x$	$\mathfrak{Cos}\,\pi x$
8,00	8 22263[2]	0,0^10 12161 56	4 1113[3]	...[1]	8,50	39 5548[4]	0,0^10 02528 139	19 777[5]	...[1]
1	8 48505	11785 43	4 2425	...	1	40 8172	02449 950	20 409	...
2	8 75585	11420 93	4 3779	...	2	42 1198	02374 179	21 060	...
3	9 03529	11067 71	4 5176	...	3	43 4641	02300 751	21 732	...
4	9 32365	10725 42	4 6618	...	4	44 8512	02229 595	22 426	...
5	9 62121	10393 70	4 8106	...	5	46 2826	02160 639	23 141	...
6	9 92827	10072 25	4 9641	...	6	47 7597	02093 815	23 880	...
7	10 24512	09760 74	5 1226	...	7	49 2839	02029 059	24 642	...
8	10 57209	09458 87	5 2860	...	8	50 8568	01966 305	25 428	...
9	10 90950	09166 33	5 4547	...	9	52 4799	01905 492	26 240	...
8,10	11 25767	08882 83	5 6288	...	8,60	54 1548	01846 560	27 077	...
1	11 61695	08608 11	5 8085	...	1	55 8831	01789 450	27 942	...
2	11 98770	08341 88	5 9939	...	2	57 6666	01734 107	28 833	...
3	12 37029	08083 89	6 1851	...	3	59 5070	01680 475	29 753	...
4	12 76508	07833 87	6 3825	...	4	61 4061	01628 502	30 703	...
5	13 17247	07591 59	6 5862	...	5	63 3659	01578 136	31 683	...
6	13 59287	07356 80	6 7964	...	6	65 3882	01529 328	32 694	...
7	14 02668	07129 27	7 0133	...	7	67 4750	01482 030	33 738	...
8	14 47433	06908 78	7 2372	...	8	69 6285	01436 194	34 814	...
9	14 93628	06695 11	7 4681	...	9	71 8506	01391 776	35 925	...
8,20	15 41296	06488 05	7 7065	...	8,70	74 1437	01348 732	37 072	...
1	15 90486	06287 39	7 9524	...	1	76 5100	01307 019	38 255	...
2	16 41246	06092 93	8 2062	...	2	78 9518	01266 596	39 476	...
3	16 93626	05904 49	8 4681	...	3	81 4715	01227 423	40 736	...
4	17 47677	05721 88	8 7384	...	4	84 0716	01189 462	42 036	...
5	18 03453	05544 92	9 0173	...	5	86 7547	01152 675	43 377	...
6	18 61010	05373 43	9 3050	...	6	89 5235	01117 026	44 762	...
7	19 20403	05207 24	9 6020	...	7	92 3806	01082 479	46 190	...
8	19 81692	05046 19	9 9085	...	8	95 3289	01049 000	47 664	...
9	20 44937	04890 13	10 2247	...	9	98 3712	01016 557	49 186	...
8,30	21 10201	04738 89	10 5501	...	8,80	101 5107	00985 118	50 755	...
1	21 77547	04592 32	10 8877	...	1	104 7504	00954 650	52 375	...
2	22 47042	04450 29	11 2352	...	2	108 0935	00925 125	54 047	...
3	23 18756	04312 66	11 5938	...	3	111 5432	00896 513	55 772	...
4	23 92758	04179 28	11 9638	...	4	115 1031	00868 786	57 552	...
5	24 69122	04050 02	12 3456	...	5	118 7766	00841 917	59 388	...
6	25 47923	03924 77	12 7396	...	6	122 5673	00815 879	61 284	...
7	26 29239	03803 38	13 1462	...	7	126 4790	00790 645	63 239	...
8	27 13150	03685 75	13 5658	...	8	130 5155	00766 193	65 258	...
9	27 99739	03571 76	13 9987	...	9	134 6808	00742 496	67 340	...
8,40	28 89092	03461 30	14 4455	...	8,90	138 9791	00719 533	69 490	...
1	29 81296	03354 25	14 9065	...	1	143 4146	00697 279	71 707	...
2	30 76443	03250 51	15 3822	...	2	147 9916	00675 714	73 996	...
3	31 74627	03149 98	15 8731	...	3	152 7147	00654 816	76 357	...
4	32 75944	03052 56	16 3797	...	4	157 5885	00634 564	78 794	...
5	33 80494	02958 15	16 9025	...	5	162 6179	00614 938	81 309	...
6	34 88381	02866 66	17 4419	...	6	167 8078	00595 920	83 904	...
7	35 99712	02778 00	17 9986	...	7	173 1633	00577 490	86 582	...
8	37 14595	02692 08	18 5730	...	8	178 6898	00559 629	89 345	...
9	38 33145	02608 82	19 1657	...	9	184 3926	00542 321	92 196	...

x	x^4	x^5	x	x^4	x^5	x	x^4	x^5
260	45697 60000	118 81376 00000	270	53144 10000	143 48907 00000	280	61465 60000	172 10368 00000
1	46404 70641	121 11628 37301	1	53935 80481	146 16603 10351	1	62348 49521	175 19899 05401
2	47119 98736	123 45436 68832	2	54736 32256	148 88279 73632	2	63240 66576	178 33867 74432
3	47843 50561	125 82841 97543	3	55545 71841	151 63981 12593	3	64142 47921	181 52321 61643
4	48575 32416	128 23885 57824	4	56364 05776	154 43751 82624	4	65053 90336	184 75308 55424
5	49315 50625	130 68609 15625	5	57191 40625	157 27636 71875	5	65975 00625	188 02876 78125
6	50064 11536	133 17054 68576	6	58027 82976	160 15681 01376	6	66905 85616	191 35074 86176
7	50821 21521	135 69264 46107	7	58873 39441	163 07930 25157	7	67846 52161	194 71951 70207
8	51586 86976	138 25281 09568	8	59728 16656	166 04430 30368	8	68797 07136	198 13556 55168
9	52361 14321	140 85147 52349	9	60592 21281	169 05227 37399	9	69757 57441	201 59939 00449

[1] Siehe die Bemerkung auf S. 40.   [2] $e^{8,00\,\pi} = 8\ 22263\ 15585,6$.   [3] $\mathfrak{Sin}\,8,00\,\pi = 4\ 11131\ 57792,8$.
[4] $e^{8,50\,\pi} = 39\ 55478\ 31244,6$.   [5] $\mathfrak{Sin}\,8,50\,\pi = 19\ 77739\ 15622,3$.

x	$e^{\pi x}$	$e^{-\pi x}$	$\mathfrak{Sin}\,\pi x$	$\mathfrak{Cos}\,\pi x$	x	$e^{\pi x}$	$e^{-\pi x}$	$\mathfrak{Sin}\,\pi x$	$\mathfrak{Cos}\,\pi x$
9,00	190 277 [2]	$0{,}0^{10}$ 00525 5485	95 14 [3]	... [1]	**9,50**	915 325 [4]	$0{,}0^{10}$ 00109 25080	457 66 [5]	... [1]
1	196 350	509 2946	98 18	...	1	944 537	105 87194	472 27	...
2	102 616	493 5433	101 31	...	2	974 682	102 59758	487 34	...
3	209 083	478 2792	104 54	...	3	1005 788	$0{,}0^{5}$ 00099 42448	502 89	...
4	215 756	463 4872	107 88	...	4	1037 888	96 34953	518 94	...
5	222 641	449 1527	111 32	...	5	1071 012	93 36967	535 51	...
6	229 747	435 2615	114 87	...	6	1105 193	90 48197	552 60	...
7	237 079	421 7999	118 54	...	7	1140 464	87 68358	570 23	...
8	244 646	408 7547	122 32	...	8	1176 862	84 97174	588 43	...
9	252 453	396 1129	126 27	...	9	1214 421	82 34377	607 21	...
9,10	260 510	383 8621	130 26	...	**9,60**	1253 179	79 79708	626 59	...
1	268 824	371 9901	134 41	...	1	1293 173	77 32915	646 59	...
2	277 404	360 4854	138 70	...	2	1334 445	74 93755	667 22	...
3	286 257	349 3364	143 13	...	3	1377 033	72 61991	688 52	...
4	295 393	338 5323	147 70	...	4	1420 980	70 37395	710 49	...
5	304 820	328 0623	152 41	...	5	1466 330	68 19746	733 17	...
6	314 548	317 9162	157 27	...	6	1513 128	66 08828	756 56	...
7	324 587	308 0838	162 29	...	7	1561 419	64 04433	780 71	...
8	334 946	298 5555	167 47	...	8	1611 251	62 06359	805 63	...
9	345 636	289 3219	172 82	...	9	1662 673	60 14411	831 34	...
9,20	356 667	280 3739	178 33	...	**9,70**	1715 737	58 28400	857 87	...
1	368 049	271 7026	184 02	...	1	1770 494	56 48142	885 25	...
2	379 796	263 2995	189 90	...	2	1826 998	54 73459	913 50	...
3	391 917	255 1563	195 96	...	3	1885 306	53 04178	942 65	...
4	404 425	247 2649	202 21	...	4	1945 475	51 40132	972 74	...
5	417 332	239 6176	208 67	...	5	2007 564	49 81161	1003 78	...
6	430 651	232 2068	215 33	...	6	2071 635	48 27105	1035 82	...
7	444 395	225 0252	222 20	...	7	2137 750	46 77815	1068 88	...
8	458 577	218 0657	229 29	...	8	2205 976	45 33141	1102 99	...
9	473 213	211 3215	236 61	...	9	2276 379	43 92942	1138 19	...
9,30	488 315	204 7858	244 16	...	**9,80**	2349 028	42 57079	1174 51	...
1	503 899	198 4523	251 95	...	1	2423 997	41 25418	1212 00	...
2	519 981	192 3147	259 99	...	2	2501 358	39 97829	1250 68	...
3	536 576	186 3668	268 29	...	3	2581 188	38 74186	1290 59	...
4	553 701	180 6030	276 85	...	4	2663 565	37 54367	1331 78	...
5	571 372	175 0173	285 69	...	5	2748 572	36 38253	1374 29	...
6	589 607	169 6045	294 80	...	6	2836 291	35 25731	1418 15	...
7	608 424	164 3590	304 21	...	7	2926 811	34 16689	1463 41	...
8	627 842	159 2758	313 92	...	8	3020 219	33 11019	1510 11	...
9	647 879	154 3498	323 94	...	9	3116 608	32 08617	1558 30	...
9,40	668 556	149 5761	334 28	...	**9,90**	3216 073	31 09382	1608 04	...
1	689 893	144 9501	344 95	...	1	3318 713	30 13216	1659 36	...
2	711 910	140 4671	355 96	...	2	3424 628	29 20025	1712 31	...
3	734 631	136 1228	367 32	...	3	3533 924	28 29716	1766 96	...
4	758 076	131 9129	379 04	...	4	3646 708	27 42199	1823 35	...
5	782 270	127 8331	391 13	...	5	3763 091	26 57390	1881 55	...
6	807 236	123 8796	403 62	...	6	3883 189	25 75203	1941 59	...
7	832 998	120 0483	416 50	...	7	4007 119	24 95558	2003 56	...
8	859 583	116 3355	429 79	...	8	4135 005	24 18377	2067 50	...
9	887 016	112 7375	443 51	...	9	4266 972	23 43582	2133 49	...
					10,00	4403 151	22 71101	2201 58	...

x	x^4	x^5	x	x^4	x^5	x	x^4	x^5
290	70728 10000	205 11149 00000	**300**	81000 00000	243 00000 00000	**310**	92352 10000	286 29151 00000
1	71708 71761	208 67236 82451	1	82085 41201	247 07709 01501	1	93549 51841	290 93900 22551
2	72699 49696	212 28253 11232	2	83181 69616	251 20872 24032	2	94758 54336	295 64665 52832
3	73700 50801	215 94248 84693	3	84288 92481	255 39544 21743	3	95979 24961	300 41505 12793
4	74711 82096	219 65275 36224	4	85407 17056	259 63779 85024	4	97211 71216	305 24477 61824
5	75733 50625	223 41384 34375	5	86536 50625	263 93634 40625	5	98456 00625	310 13641 96875
6	76765 63456	227 22627 82976	6	87677 00496	268 29163 51776	6	99712 20736	315 09057 52576
7	77808 27681	231 09058 21257	7	88828 74001	272 70423 18307	7	1 00980 39121	320 10784 01357
8	78861 50416	235 00728 23968	8	89991 78496	277 17469 76768	8	1 02260 63376	325 18881 53568
9	79925 38801	238 97691 01499	9	91166 21361	281 70360 00549	9	1 03553 01121	330 33410 57599

[1] Siehe die Bemerkung auf S. 40.   [2] $e^{9,00\,\pi} = 190\ 27738\ 95292{,}2.$ [3] $\mathfrak{Sin}\,9{,}00\,\pi = 95\ 13869\ 47646{,}1.$
[4] $e^{9,50\,\pi} = 915\ 32507\ 84394{,}3.$ [5] $\mathfrak{Sin}\,9{,}50\,\pi = 457\ 66253\ 92197{,}1.$

x	x⁴	x⁵	x	x⁴	x⁵
320	1 04857 60000	335 54432 00000	**350**	1 50062 50000	525 21875 00000
1	1 06174 47681	340 82007 05601	1	1 51784 86401	532 76487 26751
2	1 07503 71856	346 16197 37632	2	1 53522 01216	540 39748 28032
3	1 08845 40241	351 57064 97843	3	1 55274 02881	548 11732 16993
4	1 10199 60576	357 04672 26624	4	1 57040 99856	555 92513 49024
5	1 11566 40625	362 59082 03125	5	1 58823 00625	563 82167 21875
6	1 12945 88176	368 20357 45376	6	1 60620 13696	571 80768 75776
7	1 14338 11041	373 88562 10407	7	1 62432 47601	579 88393 93557
8	1 15743 17056	379 63759 94368	8	1 64260 10896	588 05119 00768
9	1 17161 14081	385 46015 32649	9	1 66103 12161	596 31020 65799
330	1 18592 10000	391 35393 00000	**360**	1 67961 60000	604 66176 00000
1	1 20036 12721	397 31958 10651	1	1 69835 63041	613 10662 57801
2	1 21493 30176	403 35776 18432	2	1 71725 29936	621 64558 36832
3	1 22963 70321	409 46913 16893	3	1 73630 69361	630 27941 78043
4	1 24447 41136	415 65435 39424	4	1 75551 90016	639 00891 65824
5	1 25944 50625	421 91409 59375	5	1 77489 00625	647 83487 28125
6	1 27455 06816	428 24902 90176	6	1 79442 09936	656 75808 36576
7	1 28979 17761	434 65982 85457	7	1 81411 26721	665 77935 06607
8	1 30516 91536	441 14717 39168	8	1 83396 59776	674 89947 97568
9	1 32068 36241	447 71174 85699	9	1 85398 17921	684 11928 12849
340	1 33633 60000	454 35424 00000	**370**	1 87416 10000	693 43957 00000
1	1 35212 70961	461 07533 97701	1	1 89450 44881	702 86116 50851
2	1 36805 77296	467 87574 35232	2	1 91501 31456	712 38489 01632
3	1 38412 87201	474 75615 09943	3	1 93568 78641	722 01157 33093
4	1 40034 08896	481 71726 60224	4	1 95652 95376	731 74204 70624
5	1 41669 50625	488 75979 65625	5	1 97753 90625	741 57714 84375
6	1 43319 20656	495 88445 46976	6	1 99871 73376	751 51771 89376
7	1 44983 27281	503 09195 66507	7	2 02006 52641	761 56460 45657
8	1 46661 78816	510 38302 27968	8	2 04158 37456	771 71865 58368
9	1 48354 83601	517 75837 76749	9	2 06327 36881	781 98072 77899

Tafel V.

Zehnstellige Werte der Besselschen Funktionen $Y_0(x)$, $Y_1(x)$ nebst den zwölfstelligen Werten von $J_0(x)$, $J_1(x)$.

$Y_0(x)$, $Y_1(x)$ bilden mit $J_0(x)$ bzw. $J_1(x)$ die allgemeine Lösung der Besselschen Differentialgleichung:

$$x^2 \frac{dy^2}{dx^2} + x \frac{dy}{dx} + [x^2 - v^2]\, y = 0,$$

wenn der Parameter $v = 0$ bzw. 1 ist. Es ist also:

$$y = c_1 J_n(x) + c_2 Y_n(x). \qquad (n = 0,\ 1).$$

Die Entwicklungen lauten:

$$Y_0(x) = \frac{2}{\pi} \left[\left\{ \gamma + \log_e\left(\frac{x}{2}\right) \right\} J_0(x) + 4 \left\{ \frac{J_2(x)}{2} - \frac{J_4(x)}{4} + \frac{J_6(x)}{6} - \cdots \right\} \right],$$

$$Y_1(x) = \frac{2}{\pi} \left[\left\{ \gamma - 1 + \log_e\left(\frac{x}{2}\right) \right\} J_1(x) - \frac{J_0(x)}{2} + \frac{3}{1\cdot 2} J_3(x) - \frac{5}{2\cdot 3} J_5(x) + \frac{7}{3\cdot 4} J_7(x) - \cdots \right],$$

wenn $\gamma = 0{,}57721\ 566 \cdots$.

Für weiteres siehe man des Verfassers Tafeln der Besselschen Funktionen, S. 114—116.

---

x	x⁴	x⁵	x	x⁴	x⁵
380	2 08513 60000	792 35168 00000	**400**	2 56000 00000	1024 00000 00000
1	2 10717 15921	802 83237 65901	1	2 58569 61601	1036 86416 02001
2	2 12938 13776	813 42368 62432	2	2 61158 52816	1049 85728 32032
3	2 15176 62721	824 12648 22143	3	2 63766 83281	1062 98033 62243
4	2 17432 71936	834 94164 23424	4	2 66394 62656	1076 23429 13024
5	2 19706 50625	845 87004 90625	5	2 69042 00625	1089 62012 53125
6	2 21998 08016	856 91258 94176	6	2 71709 06896	1103 13881 99776
7	2 24307 53361	868 07015 50707	7	2 74395 91201	1116 79136 18807
8	2 26634 95936	879 34364 23168	8	2 77102 63296	1130 57874 24768
9	2 28980 45041	890 73395 20949	9	2 79829 32961	1144 50195 81049
390	2 31344 10000	902 24199 00000	**410**	2 82576 10000	1158 56201 00000
1	2 33726 00161	913 86866 62951	1	2 85343 04241	1172 75990 43051
2	2 36126 24896	925 61489 59232	2	2 88130 25536	1187 09665 20832
3	2 38544 93601	937 48159 85193	3	2 90937 83761	1201 57326 93293
4	2 40982 15696	949 46969 84224	4	2 93765 88816	1216 19077 69824
5	2 43438 00625	961 58012 46875	5	2 96614 50625	1230 95020 09375
6	2 45912 57856	973 81381 10976	6	2 99483 79136	1245 85257 20576
7	2 48405 96881	986 17169 61757	7	3 02373 84321	1260 89892 61857
8	2 50918 27216	998 65472 31968	8	3 05284 76176	1276 09030 41568
9	2 53449 58401	1011 26384 01999	9	3 08216 64721	1291 42775 18099

x	$Y_0(x)$	$Y_1(x)$	x	$Y_0(x)$	$Y_1(x)$	x	$Y_0(x)$	$Y_1(x)$
16,00	0,09581 09971	0,17797 51689	16,50	+0,00018 12325	0,19647 58378	17,00	−0,09263 71984	0,16720 50361
1	402 70415	881 29037	1	−0,00178 29071	634 88256	1	430 40984	617 22968
2	223 48001	963 23096	2	374 56791	620 23337	2	596 05912	512 36098
3	043 44566	0,18043 33167	3	570 68889	603 63880	3	760 65179	405 90883
4	0,08862 61953	121 58568	4	766 63421	585 10170	4	924 17206	297 88473
5	681 02013	197 98639	5	962 38446	564 62505	5	−0,10086 60428	188 30032
6	498 66600	272 52736	6	−0,01157 92026	542 21205	6	247 93290	077 16739
7	315 57580	345 20233	7	353 22226	517 86610	7	408 14251	0,15964 49787
8	131 76820	416 00527	8	548 27115	491 59075	8	567 21778	850 30385
9	0,07947 26195	484 93029	9	743 04766	463 38979	9	725 14354	734 59754
16,10	762 07587	551 97173	16,60	937 53254	433 26715	17,10	881 90473	617 39131
1	576 22881	617 12409	1	−0,02131 70661	401 22697	1	−0,11037 48641	498 69768
2	389 73970	680 38206	2	325 55070	367 37359	2	191 87377	378 52929
3	202 62750	741 74056	3	519 04572	331 41151	3	345 05212	256 89892
4	014 91124	801 19464	4	712 17259	293 64543	4	497 00692	133 81950
5	0,06826 60998	858 73960	5	904 91229	253 98024	5	647 72373	009 30409
6	637 74283	914 37089	6	−0,03097 24588	212 42100	6	797 18826	0,14883 36589
7	448 32895	968 08416	7	289 15442	168 97297	7	945 38634	756 01821
8	258 38755	0,19019 87528	8	480 61906	123 64159	8	−0,12092 30397	627 27453
9	067 93787	069 74028	9	671 62099	076 43247	9	237 92723	497 14842
16,20	0,05876 99918	117 67538	16,70	862 14147	027 35142	17,20	382 24237	365 65362
1	685 59080	163 67703	1	−0,04052 16180	0,18976 40442	1	525 23578	232 80397
2	493 73209	207 74184	2	241 66336	923 59763	2	666 89398	098 61343
3	301 44243	249 86662	3	430 62757	868 93741	3	807 20363	0,13963 09611
4	108 74124	290 04838	4	619 03595	812 43028	4	946 15153	826 26623
5	0,04915 64795	328 28433	5	806 87005	754 08293	5	−0,13083 72463	688 13813
6	722 18205	364 57185	6	994 11150	693 90226	6	219 91001	548 72627
7	528 36302	398 90854	7	−0,05180 74200	631 89533	7	354 69492	408 04524
8	334 21039	431 29217	8	366 74334	568 06936	8	488 06674	266 10974
9	139 74369	461 72074	9	572 09735	502 43177	9	620 01299	122 93457
16,30	0,03944 98249	490 19240	16,80	736 78596	434 99015	17,30	750 52135	0,12978 53467
1	749 94637	516 70553	1	920 79117	365 75225	1	879 57965	832 92509
2	554 65492	541 25868	2	−0,06104 09505	294 72601	2	−0,14007 17587	686 12097
3	359 12774	563 85062	3	286 67975	221 91954	3	133 29813	538 13758
4	163 38445	584 48030	4	468 52753	147 34111	4	257 93474	388 99028
5	0,02967 44467	603 14685	5	649 62070	070 99917	5	381 07411	238 69457
6	771 32805	619 84962	6	829 94166	0,17992 90234	6	502 70485	087 26601
7	575 05423	634 58814	7	−0,07009 47292	913 05940	7	622 81571	0,11934 72029
8	378 64284	647 36215	8	188 19706	831 47931	8	741 39559	781 07321
9	182 11353	658 17155	9	366 09675	748 17118	9	858 43355	626 34065
16,40	0,01985 48596	667 01648	16,90	543 15476	663 14431	17,40	973 91883	470 53859
1	788 77975	673 89724	1	719 35394	576 40814	1	−0,15087 84081	313 68312
2	592 01456	678 81434	2	894 67725	487 97228	2	200 18904	155 79042
3	395 21001	681 76847	3	−0,08069 10775	397 84652	3	310 95322	0,10996 87675
4	198 38573	682 76054	4	242 62858	306 04078	4	420 12323	836 95849
5	001 56133	681 79162	5	415 22300	212 56517	5	527 68909	676 05208
6	0,00804 75643	678 86299	6	586 87435	117 42995	6	633 64103	514 17408
7	607 99060	673 97613	7	757 56610	020 64554	7	737 96939	351 34109
8	411 28343	667 13271	8	927 28180	0,16922 22250	8	840 66472	187 56985
9	214 65446	658 33457	9	−0,09096 00513	822 17156	9	941 71772	022 87715

x	x^4	x^5	x	x^4	x^5
420	3 11169 60000	1306 91232 00000	430	3 41880 10000	1470 08443 00000
1	3 14143 72081	1322 54506 46101	1	3 45071 49121	1487 25812 71151
2	3 17139 11056	1338 32704 65632	2	3 48285 17376	1504 59195 06432
3	3 20155 87041	1354 25933 18343	3	3 51521 25121	1522 08701 77393
4	3 23194 10176	1370 34299 14624	4	3 54779 82736	1539 74445 07424
5	3 26253 90625	1386 57910 15625	5	3 58061 00625	1557 56537 71875
6	3 29335 38576	1402 96874 33376	6	3 61364 89216	1575 55092 98176
7	3 32438 64241	1419 51300 30907	7	3 64691 58961	1593 70224 65957
8	3 35563 77856	1436 21297 22368	8	3 68041 20336	1612 02047 07168
9	3 38710 89681	1453 06974 73149	9	3 71413 83841	1630 50675 06199

x	$Y_0(x)$	$Y_1(x)$	x	$Y_0(x)$	$Y_1(x)$	x	$Y_0(x)$	$Y_1(x)$
17,50	−0,16041 11925	0,09857 27987	**18,00**	−0,18755 21596	0,00815 51323	**18,50**	−0,16865 63450	−0,08174 78585
1	138 86036	690 79497	1	62 43111	627 52269	1	783 06697	338 56882
2	234 93225	523 43949	2	67 76655	439 57396	2	698 86619	501 43214
3	329 32630	355 23054	3	71 22279	251 68570	3	613 04145	663 36012
4	422 03407	186 18531	4	72 80053	+ 063 87653	4	525 60216	824 33716
5	513 04728	016 32107	5	72 50065	−0,00123 83492	5	436 55792	984 34777
6	602 35782	0,08845 65515	6	70 32422	− 311 43007	6	345 91848	−0,09143 37658
7	689 95777	674 20495	7	66 27250	498 89034	7	253 69372	301 40829
8	775 83936	501 98794	8	60 34693	686 19717	8	159 89369	458 42774
9	859 99503	329 02167	9	52 54913	873 33204	9	064 52859	614 41986
17,60	942 41736	155 32374	**18,10**	42 88092	−0,01060 27645	**18,60**	−0,15967 60876	769 36970
1	−0,17023 09912	0,07980 91181	1	31 34430	247 01193	1	869 14472	923 26241
2	102 03327	805 80361	2	17 94144	433 52004	2	769 14709	−0,10076 08326
3	179 21293	630 01692	3	02 67471	619 78237	3	667 62667	227 81764
4	254 63141	453 56959	4	−0,18685 54667	805 78056	4	564 59441	378 45104
5	328 28218	276 47951	5	666 56005	991 49626	5	460 06137	527 96907
6	400 15892	098 76463	6	645 71775	−0,02176 91118	6	354 03879	676 35748
7	470 25545	0,06920 44297	7	623 02288	362 00706	7	246 53803	823 60211
8	538 56581	741 53257	8	598 47873	546 76568	8	137 57061	969 68894
9	605 08420	562 05153	9	572 08876	731 16886	9	027 14806	−0,11114 60406
17,70	669 80500	382 01800	**18,20**	543 85660	915 19848	**18,70**	−0,14915 28248	258 33369
1	732 72278	201 45018	1	513 78609	−0,03098 83646	1	801 98548	400 86418
2	793 83229	020 36630	2	481 88124	282 06476	2	687 26924	542 18199
3	853 12845	0,05838 78464	3	448 14622	464 86539	3	571 14593	682 27373
4	910 60638	656 72351	4	412 58542	647 22044	4	453 62789	821 12611
5	966 26138	474 20127	5	375 20336	829 11200	5	334 72758	958 72600
6	−0,18020 08893	291 23630	6	336 00478	−0,04010 52228	6	214 45759	−0,12095 06037
7	072 08469	107 84704	7	294 99458	191 43350	7	092 83064	230 11636
8	122 24452	0,04924 05192	8	252 17783	371 82796	8	−0,13969 85957	363 88120
9	170 56444	739 86945	9	207 55980	551 68801	9	845 55736	496 34229
17,80	217 04068	555 31812	**18,30**	161 14591	730 99606	**18,80**	719 93711	627 48715
1	261 66963	370 41648	1	112 94178	909 73461	1	593 01204	757 30345
2	304 44790	185 18309	2	062 95318	−0,05087 88619	2	464 79551	885 77897
3	345 37225	0,03999 63655	3	011 18607	265 43343	3	335 30097	−0 13012 90165
4	384 43965	813 79544	4	−0,17957 64658	442 35900	4	204 54203	138 65958
5	421 64724	627 67841	5	902 34102	618 64566	5	072 53237	263 04097
6	456 99236	441 30409	6	845 27585	794 27624	6	−0,12939 28583	386 03418
7	490 47253	254 69114	7	786 45774	969 23365	7	804 81635	507 62772
8	522 08545	067 85823	8	725 89348	−0,06143 50084	8	669 13798	627 81024
9	551 82902	0,02880 82405	9	663 59008	317 06090	9	532 26489	746 57053
17,90	579 70132	693 60729	**18,40**	599 55468	489 89693	**18,90**	394 21135	863 89754
1	605 70062	506 22664	1	533 79461	661 99217	1	254 99175	979 78035
2	629 82537	318 70082	2	466 31736	833 32991	2	114 62059	−0,14094 20822
3	652 07422	131 04854	3	397 13059	−0,07003 89353	3	−0,11973 11247	207 17051
4	672 44598	0,01943 28850	4	326 24212	173 66649	4	830 48210	318 65679
5	690 93969	755 43942	5	253 65995	342 63235	5	686 74429	428 65673
6	707 55454	567 52002	6	179 39222	510 77476	6	541 91396	537 16018
7	722 28992	379 54900	7	103 44725	678 07744	7	396 00611	644 15714
8	735 14541	191 54507	8	025 83352	844 52422	8	249 03587	749 63776
9	746 12077	003 52691	9	−0,16946 55968	−0,08010 09902	9	101 01844	853 59236

x	x^4	x^5	x	x^4	x^5
440	3 74809 60000	1649 16224 00000	**450**	4 10062 50000	1845 28125 00000
1	3 78228 59361	1667 98809 78201	1	4 13719 66801	1865 87570 27251
2	3 81670 92496	1686 98548 83232	2	4 17401 24416	1886 65362 36032
3	3 85136 70001	1706 15558 10443	3	4 21107 33681	1907 61623 57493
4	3 88626 02496	1725 49955 08224	4	4 24838 05456	1928 76476 77024
5	3 92139 00625	1745 01857 78125	5	4 28593 50625	1950 10045 34375
6	3 95675 75056	1764 71384 74976	6	4 32373 80096	1971 62453 23776
7	3 99236 36481	1784 58655 07007	7	4 36179 04801	1993 33824 94057
8	4 02820 95616	1804 63788 35968	8	4 40009 35696	2015 24285 48768
9	4 06429 63201	1824 86904 77249	9	4 43864 83761	2037 33960 46299

x	$Y_0(x)$	$Y_1(x)$	x	$Y_0(x)$	$Y_1(x)$	x	$Y_0(x)$	$Y_1(x)$
19,00	−0,10951 96914	−0,14956 01139	19,50	−0,02545 17430	−0,17956 45669	20,00	0,06264 05968	−0,16551 16144
1	801 90336	−0,15056 88547	1	365 53151	971 80026	1	429 21403	479 43882
2	650 83661	156 20539	2	185 74429	985 34398	2	593 64310	406 10862
3	498 78447	253 96208	3	005 83063	997 08742	3	757 33087	331 17896
4	345 76261	350 14665	4	−0,01825 80855	−0,18007 03034	4	920 26137	254 65806
5	191 78680	444 75035	5	645 69603	015 17266	5	0,07082 41875	176 55434
6	036 87290	537 76459	6	465 51109	021 51448	6	243 78721	096 87635
7	−0,09881 03684	629 18097	7	285 27174	026 05610	7	404 35106	015 63280
8	724 29463	718 99122	8	104 99597	028 79797	8	564 09468	−0,15932 83253
9	566 66239	807 18726	9	−0,00924 70178	029 74074	9	723 00255	848 48458
19,10	408 15630	893 76116	19,60	744 40715	028 88522	20,10	881 05924	762 59807
1	248 79260	978 70515	1	564 13006	026 23242	1	0,08038 24942	675 18234
2	088 58765	−0,16062 01163	2	383 88849	021 78351	2	194 55782	586 24682
3	−0,08927 55785	143 67318	3	— 203 70038	015 53984	3	349 96932	495 80112
4	765 71970	223 68254	4	— 023 58367	007 50295	4	504 46884	403 85498
5	603 08973	302 03259	5	+0,00156 44371	−0,17997 67453	5	658 04145	310 41829
6	439 68460	378 71643	6	+ 336 36386	986 05649	6	810 67228	215 50107
7	275 52098	453 72728	7	516 15888	972 65087	7	962 34657	119 11351
8	110 61565	527 05856	8	695 81092	957 45991	8	0,09113 04968	021 26592
9	−0,07944 98543	598 70384	9	875 30214	940 48603	9	262 76706	−0,14921 96875
19,20	778 64722	668 65688	19,70	0,01054 61471	921 73182	20,20	411 48426	821 23259
1	611 61795	736 91160	1	233 73085	901 20003	1	559 18695	719 06817
2	443 91466	803 46210	2	412 63279	878 89362	2	705 86090	615 48637
3	275 55441	868 30262	3	591 30281	854 81569	3	851 49199	510 49818
4	106 55433	931 42762	4	769 72321	828 96954	4	996 06621	404 11474
5	−0,06936 93160	992 83170	5	947 87632	801 35861	5	0,10139 56967	296 34731
6	766 70345	−0,17052 50965	6	0,02125 74451	771 98656	6	281 98858	187 20732
7	595 88717	110 45643	7	303 31020	740 85718	7	423 30928	076 70627
8	424 50011	166 66716	8	480 55581	707 97446	8	563 51821	−0,13964 85584
9	252 55963	221 13715	9	657 46385	673 34255	9	702 60194	851 66781
19,30	080 08318	273 86188	19,80	834 01685	636 96577	20,30	840 54715	737 15410
1	−0,05907 08823	324 83702	1	0,03010 19737	598 84862	1	977 34064	621 32676
2	733 59229	374 05839	2	185 98804	558 99577	2	0,11112 96934	504 19795
3	559 61292	421 52199	3	361 37151	517 41204	3	247 42030	385 77996
4	385 16772	467 22403	4	536 33052	474 10245	4	380 68069	266 08520
5	210 27432	511 16085	5	710 84783	429 07216	5	512 73779	145 12621
6	034 95040	553 32900	6	884 90625	382 32652	6	643 57904	022 91564
7	−0,04859 21365	593 72519	7	0,04058 48866	333 87104	7	773 19197	−0,12899 46626
8	683 08181	632 34631	8	231 57799	283 71139	8	901 56428	774 79095
9	506 57265	669 18944	9	404 15723	231 85341	9	0,12028 68375	648 90273
19,40	329 70396	704 25183	19,90	576 20942	178 30312	20,40	154 53833	521 81470
1	152 49356	737 53089	1	747 71767	123 06668	1	279 11609	393 54010
2	−0,03974 95929	769 02424	2	918 66515	066 15044	2	402 40522	264 09227
3	797 11903	798 72965	3	0,05089 03510	007 56089	3	524 39407	133 48466
4	618 99067	826 64509	4	258 81081	−0,16947 30469	4	645 07109	001 73082
5	440 59210	852 76870	5	427 97566	885 38867	5	764 42491	−0,11868 84443
6	261 94127	877 09880	6	596 51308	821 81982	6	882 44425	734 83926
7	083 05611	899 63388	7	764 40657	756 60529	7	999 11801	599 72918
8	−0,02903 95458	920 37263	8	931 63972	689 75238	8	0,13114 43520	463 52818
9	724 65465	939 31388	9	0,06098 19618	621 26855	9	228 38499	326 25034

x	x^4	x^5	x	x^4	x^5
460	4 47745 60000	2059 62976 00000	470	4 87968 10000	2293 45007 00000
1	4 51651 75441	2082 11458 78301	1	4 92134 29281	2317 95251 91351
2	4 55583 41136	2104 79536 04832	2	4 96327 10656	2342 66394 29632
3	4 59540 68161	2127 67335 58543	3	5 00546 65441	2367 58567 53593
4	4 63523 67616	2150 74985 73824	4	5 04793 04976	2392 71905 58624
5	4 67532 50625	2174 02615 40625	5	5 09066 40625	2418 06542 96875
6	4 71567 28336	2197 50354 04576	6	5 13366 83776	2443 62614 77376
7	4 75628 11921	2221 18331 67107	7	5 17694 45841	2469 40256 66157
8	4 79715 12576	2245 06678 85568	8	5 22049 38256	2495 39604 86368
9	4 83828 41521	2269 15526 73349	9	5 26431 72481	2521 60796 18399

x	$Y_0(x)$	$Y_1(x)$	x	$Y_0(x)$	$Y_1(x)$	x	$Y_0(x)$	$Y_1(x)$
20,50	0,13340 95667	−0,11187 90983	**21,00**	0,17020 17584	−0,03253 92608	**21,50**	0,16494 52035	0,05278 91089
1	452 13969	048 52095	1	051 85595	082 05626	1	440 91980	441 09698
2	561 92364	−0,10908 09806	2	081 81622	−0,02909 96080	2	385 70047	602 66488
3	670 29825	766 65564	3	110 05447	737 65693	3	328 86861	763 59880
4	777 25340	624 20826	4	136 56872	565 16189	4	270 43066	923 88301
5	882 77911	480 77058	5	161 35713	392 49295	5	210 39317	0,06083 50185
6	986 86556	336 35735	6	184 41805	219 66735	6	148 76289	242 43975
7	0,14089 50306	190 98341	7	205 75001	046 70240	7	085 54670	400 68119
8	190 68208	044 66369	8	225 35169	−0,01873 61535	8	020 75164	558 21075
9	290 39323	−0,09897 41321	9	243 22197	700 42350	9	0,15954 38491	715 01307
20,60	388 62729	749 24707	**21,10**	259 35987	527 14413	**21,60**	886 45385	871 07289
1	485 37517	600 18045	1	273 76462	353 79454	1	816 96597	0,07026 37499
2	580 62795	450 22862	2	286 43559	180 39199	2	745 92893	180 90429
3	674 37684	299 40694	3	297 37234	006 95379	3	673 35052	334 64574
4	766 61324	147 73082	4	306 57460	−0,00838 49720	4	599 23869	487 58441
5	857 32866	−0,08995 21578	5	314 04228	660 03950	5	523 60155	639 70545
6	946 51481	841 87738	6	319 77545	486 59796	6	446 44736	790 99407
7	0,15034 16352	687 73129	7	323 77435	313 18982	7	367 78449	941 43562
8	120 26680	532 79324	8	326 03941	− 139 83234	8	287 62152	0,08091 01549
9	204 81680	377 07902	9	326 57122	+0,00033 45727	9	205 96711	239 71919
20,70	287 80584	220 60450	**21,20**	325 37055	+ 206 66177	**21,70**	122 83010	387 53233
1	369 22641	063 38561	1	322 43833	379 76398	1	038 21948	534 44060
2	449 07113	−0,07905 43836	2	317 77567	552 74672	2	0,14952 14435	680 42978
3	527 33280	746 77882	3	311 38385	725 59281	3	864 61399	825 48577
4	604 00438	587 42312	4	303 26432	898 28513	4	775 63779	969 59455
5	679 07899	427 38744	5	293 41872	0,01070 80655	5	685 22530	0,09112 74221
6	752 54992	266 68804	6	281 84883	243 13999	6	593 38620	254 91493
7	824 41060	105 34122	7	268 55660	415 26838	7	500 13030	396 09902
8	894 65464	−0,06943 36336	8	253 54419	587 17469	8	405 46756	536 28087
9	963 27581	780 77088	9	236 81390	758 84190	9	309 40807	675 44698
20,80	0,16030 26806	617 58024	**21,30**	218 36821	930 25304	**21,80**	211 96205	813 58396
1	095 62548	453 80797	1	198 20975	0,02101 39118	1	113 13986	950 67852
2	159 34234	289 47066	2	176 34135	272 23940	2	012 95200	0,10086 71750
3	221 41307	124 58492	3	152 76599	442 78083	3	0,13911 40908	221 68784
4	281 83226	−0,05959 16742	4	127 48681	612 99865	4	808 52185	355 57658
5	340 59470	793 23488	5	100 50715	782 87606	5	704 30119	488 37089
6	397 69530	626 80406	6	071 83048	952 39630	6	598 75812	620 05804
7	453 12917	459 89175	7	041 46047	0,03121 54269	7	491 90376	750 62544
8	506 89159	292 51481	8	009 40093	290 29854	8	383 74939	880 06058
9	558 97798	124 69010	9	0,16975 65585	458 64725	9	274 30637	0,11008 35111
20,90	609 38395	−0,04956 43454	**21,40**	940 22940	626 57225	**21,90**	163 58622	135 48477
1	658 10529	787 76507	1	903 12588	794 05702	1	051 60057	261 44942
2	705 13793	618 69869	2	864 34978	961 08510	2	0,12938 36117	386 23306
3	750 47800	449 25241	3	823 90575	0,04127 64007	3	823 87988	509 82380
4	794 12177	279 44326	4	781 79861	293 70556	4	708 16871	632 20988
5	836 06571	109 28833	5	738 03333	459 26529	5	591 23974	753 37966
6	876 30644	−0,03938 80471	6	692 61504	624 30300	6	473 10521	873 32163
7	914 84076	768 00951	7	645 54906	788 80251	7	353 77744	992 02440
8	951 66565	596 91989	8	596 84084	952 74769	8	233 26889	0,12109 47672
9	986 77824	425 55302	9	546 49601	0,05116 12249	9	111 59211	225 66746

x	x^4	x^5	x	x^4	x^5
480	5 30841 60000	2548 03968 00000	**490**	5 76480 10000	2824 75249 00000
1	5 35279 12321	2574 69258 26401	1	5 81200 48561	2853 69438 43451
2	5 39744 40976	2601 56805 50432	2	5 85949 80096	2882 87302 07232
3	5 44237 57521	2628 66748 82643	3	5 90728 16401	2912 28984 85693
4	5 48758 73536	2655 99227 91424	4	5 95535 69296	2941 94632 32224
5	5 53308 00625	2683 54383 03125	5	6 00372 50625	2971 84390 59375
6	5 57885 50416	2711 32355 02176	6	6 05238 72256	3001 98406 38976
7	5 62491 34561	2739 33285 31207	7	6 10134 46081	3032 36827 02257
8	5 67125 64736	2767 57315 91168	8	6 15059 84016	3062 99800 39968
9	5 71788 52641	2796 04589 41449	9	6 20014 98001	3093 87475 02499

x	$Y_0(x)$	$Y_1(x)$	x	$Y_0(x)$	$Y_1(x)$	x	$Y_0(x)$	$Y_1(x)$
22,00	0,11988 75978	0,12340 58562	22,50	0,04681 85317	0,16261 99830	23,00	−0,03598 17903	0,16166 92010
1	864 78468	454 22034	1	519 03796	300 76845	1	759 63052	123 11258
2	739 67969	566 56089	2	355 84328	337 89490	2	920 63598	077 71520
3	613 45781	677 59665	3	192 28556	373 37468	3	−0,04081 17954	030 73315
4	486 13214	787 31718	4	028 38128	407 20498	4	241 24538	0,15982 17181
5	357 71588	895 71214	5	0,03864 14696	439 38315	5	400 81773	932 03670
6	228 22235	0,13002 77133	6	699 59913	469 90673	6	559 88088	880 33348
7	097 66494	108 48471	7	534 75435	498 77341	7	718 41919	827 06799
8	0,10966 05717	212 84234	8	369 62920	525 98104	8	876 41706	772 24621
9	833 41265	315 83446	9	204 24027	551 52765	9	−0,05053 85895	715 87426
22,10	699 74507	417 45142	22,60	038 60419	575 41142	23,10	190 72940	657 95844
1	565 06823	517 68373	1	0,02872 73759	597 63071	1	347 01299	598 50517
2	429 39604	616 52203	2	706 65712	618 18403	2	502 69440	537 52104
3	292 74247	713 95710	3	540 37946	637 07008	3	657 75833	475 01279
4	155 12161	809 97988	4	373 92128	654 28771	4	812 18959	410 98730
5	016 54761	904 58144	5	207 29927	669 83594	5	965 97304	345 45159
6	0,09877 03474	997 75300	6	040 53013	683 71395	6	−0,06119 09362	278 41284
7	736 59735	0,14089 48593	7	0,01873 63057	695 92110	7	271 53632	209 87839
8	595 24985	179 77174	8	706 61728	706 45690	8	423 28622	139 85569
9	453 00676	268 60209	9	539 50700	715 32104	9	574 32849	068 35237
22,20	309 88269	355 96878	22,70	372 31643	722 51338	23,20	724 64836	0,14995 37617
1	165 89229	441 86378	1	205 06230	728 03391	1	874 23113	920 93501
2	021 05034	526 27919	2	037 76133	731 88284	2	−0,07023 06220	845 03692
3	0,08875 37167	609 20727	3	0,00870 43022	734 06051	3	171 12704	767 69009
4	728 87118	690 64043	4	703 08569	734 56744	4	318 41120	688 90285
5	581 56387	770 57123	5	535 74444	733 40430	5	464 90033	608 68365
6	433 46479	848 99239	6	368 42316	730 57194	6	610 58013	527 04112
7	284 58907	925 89676	7	+ 201 13856	726 07139	7	755 43643	443 98398
8	134 95193	0,15001 27738	8	+ 033 90729	719 90381	8	899 45513	359 52112
9	0,07984 56863	075 12742	9	−0,00133 25397	712 07055	9	−0,08042 62220	273 66155
22,30	833 45451	147 44020	22,80	− 300 32857	702 57312	23,30	184 92373	186 41441
1	681 62497	218 20921	1	467 29989	691 41319	1	326 34589	097 78901
2	529 09549	287 42810	2	634 15130	678 59259	2	466 87495	007 79474
3	375 88160	355 09067	3	800 86621	664 11334	3	606 49726	0,13916 44117
4	221 99887	421 19087	4	967 42804	647 97758	4	745 19927	823 73796
5	067 46301	485 72281	5	−0,01133 82025	630 18767	5	882 96755	729 69494
6	0,06912 28967	548 68077	6	300 02629	610 74608	6	−0,09019 78874	634 32204
7	756 49466	610 05919	7	466 02967	589 65547	7	155 64959	537 62932
8	600 09377	669 85265	8	631 81391	566 91866	8	290 53696	439 62699
9	443 10290	728 05590	9	797 36257	542 53864	9	424 43780	340 32536
22,40	285 53797	784 66386	22,90	962 65922	516 51854	23,40	557 33917	239 73487
1	127 41496	839 67159	1	−0,02127 68748	488 86168	1	689 22824	137 86610
2	0,05968 74989	893 07434	2	292 43101	459 57151	2	820 09227	034 72974
3	809 55884	944 86750	3	456 87348	428 65167	3	949 91864	0,12930 33660
4	649 85792	995 04662	4	620 99862	396 10593	4	−0,10078 69485	824 69762
5	489 66330	0,16043 60742	5	784 79019	361 93826	5	206 40848	717 82383
6	328 99118	090 54579	6	948 23200	326 15276	6	333 04725	609 72643
7	167 85781	136 85777	7	−0,03111 30787	288 75368	7	458 59897	500 41669
8	006 27946	179 53958	8	274 00171	249 74547	8	583 05158	389 90602
9	0,04844 27246	221 58757	9	436 29743	209 13269	9	706 39312	278 20594

x	x^4	x^5	x	x^4	x^5
500	6 25000 00000	3125 00000 00000	510	6 76520 10000	3450 25251 00000
1	6 30015 02001	3156 37525 02501	1	6 81841 76641	3484 21142 63551
2	6 35060 16016	3188 00200 40032	2	6 87194 76736	3518 43720 88832
3	6 40135 54081	3219 88177 02743	3	6 92579 22561	3552 93142 73793
4	6 45241 28256	3252 01606 41024	4	6 97995 26416	3587 69565 77824
5	6 50377 50625	3284 40640 65625	5	7 03443 00625	3622 73148 21875
6	6 55544 33296	3317 05432 47776	6	7 08922 57536	3658 04048 88576
7	6 60741 88401	3349 96135 19307	7	7 14434 09521	3693 62427 22357
8	6 65970 28096	3383 12902 72768	8	7 19977 68976	3729 48443 29568
9	6 71229 64561	3416 55889 61549	9	7 25553 48321	3765 62257 78599

x	$Y_0(x)$	$Y_1(x)$	x	$Y_0(x)$	$Y_1(x)$	x	$Y_0(x)$	$Y_1(x)$
23,50	−0,10828 61177	0,12165 32807	24,00	−0,15283 40288	0,05305 97761	24,50	−0,15942 87177	−0,02695 46553
1	949 69580	051 28416	1	335 68666	150 70283	1	915 12604	853 62459
2	−0,11069 63361	0,11936 08607	2	386 41544	0,04994 97864	2	885 80045	−0,03011 43431
3	188 41371	819 74576	3	435 58479	838 82075	3	854 89857	168 87911
4	306 02475	702 27531	4	483 19046	682 24488	4	822 42413	325 94344
5	422 45549	583 68689	5	529 22835	525 26682	5	788 38102	482 61180
6	537 69481	463 99279	6	573 69451	367 90237	6	752 77327	638 86876
7	651 73170	343 20540	7	616 58516	210 16737	7	715 60507	794 69889
8	764 55531	221 33721	8	657 89667	052 07770	8	676 88077	950 08686
9	876 15489	098 40083	9	697 62558	0,03893 64923	9	636 60486	−0,04105 01735
23,60	986 51981	0,10974 40895	24,10	735 76858	734 89791	24,60	594 78199	259 47511
1	−0,12095 63959	849 37437	1	772 32252	575 83968	1	551 41698	413 44494
2	203 50386	723 30999	2	807 28441	416 49052	2	506 51477	566 91170
3	310 10240	596 22879	3	840 65141	256 86642	3	460 08047	619 86030
4	415 42509	468 14386	4	872 42087	096 98340	4	412 11934	872 27570
5	519 46198	339 06840	5	902 59027	0,02936 85750	5	362 63679	−0,05024 14294
6	622 20321	209 01566	6	931 15727	.776 50477	6	311 63836	175 44709
7	723 63908	077 99903	7	958 11966	615 94128	7	259 12977	326 17332
8	823 76002	0,09946 03196	8	983 47544	455 18312	8	205 11687	476 30683
9	922 55659	813 12800	9	−0,16007 22273	294 24638	9	149 60566	625 83291
23,70	−0,13020 01950	679 30078	24,20	029 35983	133 14718	24,70	092 60229	774 73690
1	116 13958	544 56401	1	049 88519	0,01971 90163	1	034 11305	923 00421
2	210 90780	408 93151	2	068 79743	810 52586	2	−0,14974 14437	−0,06070 62032
3	304 31527	272 41717	3	086 09533	649 03599	3	912 70286	217 57078
4	396 35325	135 03494	4	101 77782	487 44818	4	849 79522	363 84123
5	487 01312	0,08998 79890	5	115 84402	325 77855	5	785 42835	509 41736
6	576 28642	859 72315	6	128 29317	164 04325	6	719 60924	654 28493
7	664 16483	719 82192	7	139 12472	002 25843	7	652 34506	798 42981
8	750 64016	579 10948	8	148 33823	0,00840 44021	8	583 64310	941 83791
9	835 70436	437 60020	9	155 93346	678 60475	9	513 51080	−0,07084 49525
23,80	919 34955	295 30850	24,30	161 91032	516 76817	24,80	441 95574	226 38790
1	−0,14001 56797	152 24889	1	166 26888	354 94659	1	368 98564	367 50203
2	082 35202	007 43594	2	169 00936	+ 193 15614	2	294 60834	507 86390
3	161 69423	0,07862 88429	3	170 13216	+ 031 41293	3	218 83185	647 33984
4	239 58729	717 60866	4	169 63783	−0,00130 26696	4	141 66428	786 03627
5	316 02404	570 62382	5	167 52708	291 86743	5	063 11390	923 89969
6	390 99745	423 94460	6	163 80080	453 37242	6	−0,13983 18911	−0,08060 91671
7	464 50067	276 58592	7	158 46001	614 76587	7	901 89843	197 07400
8	536 52696	128 56274	8	151 50590	776 03175	8	819 25053	332 35835
9	607 06976	0,06979 89008	9	142 93985	937 15404	9	735 25422	466 75661
23,90	676 12264	830 58303	24,40	132 76336	−0,01098 11674	24,90	649 91840	600 25576
1	743 67935	680 65672	1	120 97810	258 90389	1	563 25214	732 84285
2	809 73377	530 12635	2	107 58592	419 49953	2	475 26463	864 50502
3	874 27992	379 00716	3	092 58880	579 88773	3	385 96517	995 22953
4	937 31200	227 31447	4	075 98891	740 05261	4	295 36320	−0,09125 00373
5	998 82435	075 06361	5	057 78854	899 97829	5	203 46830	253 81506
6	−0,15058 81146	0,05922 27000	6	037 99019	−0,02059 64893	6	110 29015	381 65108
7	117 26799	768 94908	7	016 59647	219 04873	7	015 83857	508 49942
8	174 18874	615 11634	8	−0,15993 61017	378 16192	8	−0,12920 12350	634 34784
9	229 56866	460 78732	9	969 03424	536 97275	9	823 15499	759 18421

x	x^4	x^5	x	x^4	x^5
520	7 31161 60000	3802 04032 00000	530	7 89048 10000	4181 95493 00000
1	7 36802 16481	3838 73927 86601	1	7 95020 05521	4221 55649 31651
2	7 42475 30256	3875 72107 93632	2	8 01025 84576	4261 45749 94432
3	7 48181 13841	3912 98735 38843	3	8 07065 59921	4301 65964 37893
4	7 53919 79776	3950 53974 02624	4	8 13139 44336	4342 16462 75424
5	7 59691 40625	3988 37988 28125	5	8 19247 50625	4382 97415 84375
6	7 65496 08976	4026 50943 21376	6	8 25389 91616	4424 08995 06176
7	7 71333 97441	4064 93004 51407	7	8 31566 80161	4465 51372 46457
8	7 77205 18656	4103 64338 50368	8	8 37778 29136	4507 24720 75168
9	7 83109 85281	4142 65112 13649	9	8 44024 51441	4549 29213 26699

x	$J_0(x)$	$J_1(x)$	$Y_0(x)$	$Y_1(x)$
25,00	0,09626 67832 76	—0,12535 02495 80	—0,12724 94323	—0,09882 99648
1	751 52015 93	433 14044 04	625 49851	—0,10005 77272
2	875 33713 53	330 05558 42	524 83127	127 50111
3	998 11730 57	225 78114 11	422 95202	248 16993
4	0,10119 84882 90	120 32797 67	319 87144	367 76759
5	240 51997 27	013 70706 96	215 60028	486 28258
6	360 11911 49	—0,11905 92951 05	110 14943	603 70354
7	478 63474 48	797 00650 05	003 52989	720 01918
8	596 05546 44	686 94935 03	—0,11895 75277	835 21837
9	712 36998 94	575 76947 92	786 82928	949 29006
25,10	827 56715 00	463 47841 34	676 77076	—0,11062 22332
1	941 63589 24	350 08778 55	565 58865	174 00737
2	0,11054 56527 96	235 60933 24	453 29448	284 63151
3	166 34449 24	120 05489 51	339 89992	394 08518
4	276 96283 07	003 43641 68	225 41672	502 35793
5	386 40971 40	—0,10885 76594 18	109 85673	609 43945
6	494 67468 33	767 05561 44	—0,10993 23193	715 31953
7	601 74740 09	647 31767 77	875 55438	819 98809
8	707 61765 26	526 56447 21	756 83624	923 43520
9	812 27534 76	404 80843 41	637 08978	—0,12025 65100
25,20	915 71052 03	282 06209 53	516 32736	126 62582
1	0,12017 91333 07	158 33808 08	394 56143	226 35008
2	118 87406 55	033 64910 80	271 80456	324 81432
3	218 58313 90	—0,09908 00798 54	148 06938	422 00924
4	317 03109 43	781 42761 11	023 36863	517 92565
5	414 20860 37	653 92097 19	—0,09897 71515	612 55450
6	510 10646 97	525 50114 13	771 12186	705 88686
7	604 71562 63	396 18127 86	643 60177	797 91395
8	698 02713 93	265 97462 79	515 16796	888 62710
9	790 03220 73	134 89451 58	285 83363	978 01779
25,30	880 72216 28	002 95435 09	255 61204	—0,13066 07764
1	970 08847 25	—0,08870 16762 21	124 51655	152 79839
2	0,13058 12273 86	736 54789 73	—0,08992 56057	238 17192
3	144 81669 93	602 10882 19	859 75762	322 19027
4	230 16222 96	466 86411 76	726 12131	404 84558
5	314 15134 22	330 82758 07	591 66528	486 13016
6	396 77618 80	194 01308 12	456 40330	566 03645
7	478 02905 70	056 43456 08	320 34917	644 55701
8	557 90237 91	—0,07918 10603 19	183 51680	721 68458
9	636 38872 45	779 04157 62	045 92015	797 41200
25,40	713 48080 46	639 25534 29	—0,07907 57325	871 73229
1	789 17147 28	498 76154 78	768 49022	944 63858
2	863 45372 47	357 57447 12	628 68522	—0,14016 12417
3	936 32069 91	215 70845 73	488 17249	086 18248
4	0,14007 76567 87	073 17791 18	346 96634	154 80710
5	077 78209 05	—0,06929 99730 12	205 08115	221 99175
6	146 36350 63	786 18115 11	062 53133	287 73029
7	213 50364 37	641 74404 44	—0,06919 33138	352 01674
8	279 19636 62	496 70062 05	775 49586	414 84525
9	343 43568 40	351 06557 30	631 03936	476 21015
25,50	406 21575 47	204 85364 91	485 97655	536 10587
1	467 53088 34	058 07964 75	340 32215	594 52704

x	x^4	x^5
550	9 15062 50000	5032 84375 00000
1	9 21735 67201	5078 76355 27751
2	9 28445 27616	5125 01792 44032
3	9 35191 44481	5171 60868 97993
4	9 41974 31056	5218 53768 05024
5	9 48794 00625	5265 80673 46875
6	9 55650 66496	5313 41769 71776
7	9 62544 42001	5361 37241 94557
8	9 69475 40496	5409 67275 96768
9	9 76443 75361	5458 32058 26799
560	9 83449 60000	5507 31776 00000
1	9 90493 07841	5556 66616 98801
2	9 97574 32336	5606 36769 72832
3	10 04693 46961	5656 42423 39043
4	10 11850 65216	5706 83767 81824
5	10 19046 00625	5757 60993 53125
6	10 26279 66736	5808 74291 72576
7	10 33551 77121	5860 23854 27607
8	10 40862 45376	5912 09873 73568
9	10 48211 85121	5964 32543 33849
570	10 55600 10000	6016 92057 00000
1	10 63027 33681	6069 88609 31851
2	10 70493 69856	6123 22395 57632
3	10 77999 32241	6176 93611 74093
4	10 85544 34576	6231 02454 46624
5	10 93128 90625	6285 49121 09375
6	11 00753 14176	6340 33809 65376
7	11 08417 19041	6395 56718 86657
8	11 16121 19056	6451 18048 14368
9	11 23865 28081	6507 17997 58899
580	11 31649 60000	6563 56768 00000
1	11 39474 28721	6620 34560 86901
2	11 47339 48176	6677 51578 38432
3	11 55245 32321	6735 08023 42143
4	11 63191 95136	6793 04099 59424
5	11 71179 50625	6851 40011 15625
6	11 79208 12816	6910 15963 10176
7	11 87277 95761	6969 32161 11707
8	11 95389 13536	7028 88811 59168
9	12 03541 80241	7088 86121 61949
590	12 11736 10000	7149 24299 00000
1	12 19972 16961	7210 03552 23951
2	12 28250 15296	7271 24090 55232
3	12 36570 19201	7332 86123 86193
4	12 44932 42896	7394 89862 80224
5	12 53337 00625	7457 35518 71875
6	12 61784 06656	7520 23303 66976
7	12 70273 75281	7583 53430 42757
8	12 78806 20816	7647 26112 47968
9	12 87381 57601	7711 41564 02999
600	12 96000 00000	7776 00000 00000
1	13 04661 62401	7841 01636 03001
2	13 13366 59216	7906 46688 48032
3	13 22115 04881	7972 35374 43243
4	13 30907 13856	8038 67911 69024
5	13 39743 00625	8105 44518 78125
6	13 48622 79696	8172 65414 95776
7	13 57546 65601	8240 30820 19807
8	13 66514 72896	8308 40955 20768
9	13 75527 16161	8376 96041 42049

x	x^4	x^5
540	8 50305 60000	4591 65024 00000
1	8 56621 67761	4634 32327 58701
2	8 62972 87696	4677 31299 31232
3	8 69359 32801	4720 62115 10943
4	8 75781 16096	4764 24951 56224
5	8 82238 50625	4808 19985 90625
6	8 88731 49456	4852 47396 02976
7	8 95260 25681	4897 07360 47507
8	9 01824 92416	4942 00058 43968
9	9 08425 62801	4987 25669 77749

Tafel VI.

	x = 16	x = 17	x = 18	x = 19	x = 20
Y_0' (x)	−0,17797 51689 39417	−0,16720 50360 77234	−0,00815 51322 78221	+0,14956 01138 62653	+0,16551 16143 62521
Y_0'' (x)	−0,08468 75490 2227	+0,10247 27887 9981	+0,18800 52225 1576	+0,10164 81064 4520	−0,07091 61775 2751
Y_0''' (x)	+0,18257 29252 496	+0,16059 86608 327	−0,00231 47724 673	−0,15449 57202 577	−0,16155 20264 502
Y_0^{IV} (x)	+0,07270 20216 55	−0,11114 25482 32	−0,18671 33012 96	−0,09299 72152 32	+0,07859 78200 59
Y_0^{V} (x)	−0,18486 95152 2	−0,15253 09063 3	+0,01247 24134 5	+0,15802 43803 4	+0,15646 98890 7
Y_0^{VI} (x)	−0,06057 35295	+0,11821 66593	+0,18376 31359	+0,08393 72668	−0,08540 48870
Y_0^{VII} (x)	+0,18486 5207	+0,14349 6364	−0,02186 1986	−0,16005 7934	−0,15049 7878
Y_0^{VIII}(x)	+0,04902 107	−0,12346 896	−0,17941 872	−0,07487 099	+0,09113 818
Y_0^{IX} (x)	−0,18287 48	−0,13407 08	+0,03014 02	+0,16065 83	+0,14393 43
Y_0^{X} (x)	−0,03858 7	+0,12692 0	+0,17406 5	+0,06616 3	−0,09570 9
Y_0^{XI} (x)	+0,17942	+0,12478	−0,03713	−0,16002	−0,13709
Y_0^{XII} (x)	+0,02953	−0,12879	−0,16812	−0,05808	+0,09914
Y_0^{XIII}(x)	−0,1750	−0,1160	+0,0428	+0,1584	+0,1302
Y_0^{XIV}(x)	−0,0219	+0,1294	+0,1619	+0,0508	−0,1015

	x = 21	x = 22	x = 23	x = 24	x = 25
Y_0' (x)	+0,03253 92607 55865	−0,12340 58562 26507	−0,16166 92009 92633	−0,05305 97761 21202	+0,09882 99647 83237
Y_0'' (x)	−0,17175 12470 2958	−0,11427 82406 9947	+0,04341 08859 6903	+0,15504 48528 0264	+0,12329 62336 7667
Y_0''' (x)	−0,02428 68447 731	+0,12834 53509 355	+0,15949 35496 159	+0,04650 74562 542	−0,10360 36861 866
Y_0^{IV} (x)	+0,17212 18190 68	+0,10799 53161 42	−0,04975 62010 50	−0,15643 66368 24	−0,11877 01885 17
Y_0^{V} (x)	+0,01603 76288 1	−0,13239 74665 02	−0,15645 04128 2	−0,03981 52900 5	+0,10781 13683 1
Y_0^{VI} (x)	−0,17131 42364	−0,10124 05012	+0,05602 91517	+0,15698 02462	+0,11378 45046
Y_0^{VII} (x)	−0,00807 2090	+0,13546 4122	+0,15265 0678	+0,03316 1195	−0,11136 5612
Y_0^{VIII}(x)	+0,16942 275	+0,09424 668	−0,06167 490	−0,15669 844	−0,10847 686
Y_0^{IX} (x)	+0,00063 48	−0,13752 28	−0,14825 09	−0,02671 43	+0,11421 85
Y_0^{X} (x)	−0,16662 0	−0,08724 7	+0,06659 0	+0,15566 3	+0,10299 5
Y_0^{XI} (x)	+0,00610	+0,13863	+0,14343	+0,02062	−0,11636
Y_0^{XII} (x)	+0,16312	+0,08044	−0,07073	−0,15398	−0,09748
Y_0^{XIII}(x)	−0,0120	−0,1389	−0,1384	−0,0150	+0,1178
Y_0^{XIV}(x)	−0,1592	−0,0740	+0,0741	+0,1518	+0,0921

x	x^4	x^5	x	x^4	x^5
610	13 84584 10000	8445 96301 00000	630	15 75296 10000	9924 36543 00000
1	13 93685 69041	8515 41956 84051	1	15 85321 81921	10003 38067 92151
2	14 02832 07936	8585 33232 56832	2	15 95395 31776	10082 89840 82432
3	14 12023 41361	8655 70352 54293	3	16 05516 74721	10162 92100 98393
4	14 21259 84016	8726 53541 85824	4	16 15686 25936	10243 45088 43424
5	14 30541 50625	8797 83026 34375	5	16 25904 00625	10324 49043 96875
6	14 39868 55936	8869 59032 56576	6	16 36170 14016	10406 04209 14176
7	14 49241 14721	8941 81787 82857	7	16 46484 81361	10488 10826 26957
8	14 58659 41776	9014 51520 17568	8	16 56848 17936	10570 69138 43168
9	14 68123 51921	9087 68458 39099	9	16 67260 39041	10653 79389 47199
620	14 77633 60000	9161 32832 00000	640	16 77721 60000	10737 41824 00000
1	14 87189 80881	9235 44871 27101	1	16 88231 96161	10821 56687 39201
2	14 96792 29456	9310 04807 21632	2	16 98791 62896	10906 24225 79232
3	15 06441 20641	9385 12871 59343	3	17 09400 75601	10991 44686 11443
4	15 16136 69376	9460 69296 90624	4	17 20059 49696	11077 18316 04224
5	15 25878 90625	9536 74316 40625	5	17 30768 00625	11163 45364 03125
6	15 35667 99376	9613 28164 09376	6	17 41526 43856	11250 26079 30976
7	15 45504 10641	9690 31074 71907	7	17 52334 94881	11337 60711 88007
8	15 55387 39456	9767 83283 78368	8	17 63193 69216	11425 49512 51968
9	15 65318 00881	9845 85027 54149	9	17 74102 82401	11513 92732 78249

Tafel VII.

n	$Y_n(16)$	$Y_n(17)$	$Y_n(18)$	$Y_n(19)$	$Y_n(20)$
0	+ 0,09581 09970 80712 4	− 0,09263 71984 42323 69	− 0,18755 21596 11410	− 0,10951 96913 85341 4	+ 0,06264 05968 09383
1	+ 0,17797 51689 39416 8	+ 0,16720 50360 77233 68	+ 0,00815 51322 78221	− 0,14956 01138 62653 2	− 0,16551 16143 62521
2	− 0,07356 41009 63285 3	+ 0,11230 83791 57292 4	+ 0,18845 82854 20101	+ 0,09377 65215 05062 1	− 0,07919 17582 45635
3	− 0,19636 61941 80238 1	− 0,14077 95350 99047 2	+ 0,03372 44867 04023	+ 0,16930 25394 42666	+ 0,14967 32627 13394
4	− 0,00007 32218 54304 0	− 0,16199 52738 98132 6	− 0,17721 67898 52093	− 0,04031 25616 81062	+ 0,12409 37370 59654
5	+ 0,19632 95832 53086 1	+ 0,06454 64650 29337 8	− 0,11248 75044 1607	− 0,18627 62496 24166	− 0,10003 57678 89532
6	+ 0,12277 92113 87482 8	+ 0,19996 37827 38919 5	+ 0,11472 37318 4317	− 0,05772 75697 00078	− 0,17411 16210 04420
7	− 0,10424 51747 12474 0	+ 0,07660 44404 33428 9	+ 0,18896 99923 1151	+ 0,14981 67319 18854	− 0,00443 12047 13119
8	− 0,21399 37392 60897 6	− 0,13687 77729 70213 4	+ 0,03225 29288 4356	+ 0,16811 88458 50812	+ 0,17100 97777 05236
9	− 0,10974 85645 48423 6	− 0,20543 05796 99512 1	− 0,16030 07222 2834	− 0,00824 29669 91854	+ 0,14123 90268 77309
10	+ 0,09052 66041 43921	− 0,08063 69584 76328 8	− 0,19255 36510 7190	− 0,17592 79724 74674	− 0,04389 46535 15658
11	+ 0,22290 68197 28325	+ 0,11056 35697 27361	− 0,05364 77789 6266	− 0,17694 43724 55171	− 0,18513 36803 92967
12	+ 0,21597 02729 82526	+ 0,22371 92251 82325	+ 0,12698 41434 5087	− 0,02895 49851 04998	− 0,15975 23949 16605
13	+ 0,10104 85897 4546	+ 0,20527 53364 1239	+ 0,22295 99702 3049	+ 0,14036 96544 27806	− 0,00656 91935 06959
14	− 0,05176 63146 461	+ 0,09023 12893 3075	+ 0,19506 91468 8206	+ 0,22103 97753 74626	+ 0,15121 24433 57558
15	− 0,19163 96403 762	− 0,05665 90951 6175	+ 0,08048 09249 1938	+ 0,18537 31724 40065	+ 0,21826 66142 07541
16	− 0,30755 80110 59	− 0,19021 79278 515	− 0,06093 42720 164	+ 0,07165 47074 255	+ 0,17618 74779 53753
17	− 0,42347 63817 42	− 0,30139 81807 940	− 0,18880 85196 15	− 0,06469 15599 34	+ 0,06363 33505 18464
18	− 0,59232 93001 4	− 0,41257 84337 365	− 0,29570 40278 1	− 0,18741 85515 2	− 0,06801 07820 72364
19	− 0,90926 45436	− 0,57229 73259 421	− 0,40259 95660	− 0,29041 72745	− 0,18605 27582 48719
20	− 1,56717 39909	− 0,86667 44124 87	− 0,55422 8374	− 0,39341 5998	− 0,28548 94586 00203
21	− 3,00867 04	− 1,46552 4821	− 0,82901 904	− 0,53782 693	− 0,38492 61589 51687
22	− 6,33058 6	− 2,75403 40	− 1,38014 94	− 0,79546 46	− 0,52285 54751 98340
23	− 14,400	− 5,66256 3	− 2,54467 9	− 1,30430 2	− 0,76535 58864 8466
24	− 35,071	− 12,5682	− 5,12292	− 2,36232	− 1,23746 30637 16
25	− 90,81	− 29,82	− 11,1164	− 4,6637	− 2,20455 54664
26	− 248,72	− 75,1	− 25,756	− 9,910	− 4,27392 5602
27	− 717,5	− 200,	− 63,29	− 22,46	− 8,90765
28	− 2173,	− 560,	− 164,1	− 53,9	− 19,77673
29	− 688·,	−16··,	− 447,	−136,	− 46,46719
30	−2279·,	−50··,	−127·,	−36·,	−114,97814

x	x^4	x^5	x	x^4	x^5
650	17 85062 50000	11602 90625 00000	670	20 15112 10000	13501 25107 00000
1	17 96072 87601	11692 43442 28251	1	20 27169 58081	13602 30788 72351
2	18 07134 10816	11782 51438 52032	2	20 39281 09056	13703 96892 85632
3	18 18246 35281	11873 14868 38493	3	20 51446 79041	13806 23689 94593
4	18 29409 76656	11964 33987 33024	4	20 63666 84176	13909 11451 34624
5	18 40624 50625	12056 09051 59375	5	20 75941 40625	14012 60449 21875
6	18 51890 72896	12148 40318 19776	6	20 88270 64576	14116 70956 53376
7	18 63208 59201	12241 28044 95057	7	21 00654 72241	14221 43247 07157
8	18 74578 25296	12334 72490 44768	8	21 13093 79856	14326 77595 42368
9	18 85999 86961	12428 73914 07299	9	21 25588 03681	14432 74276 99399
660	18 97473 60000	12523 32576 00000	680	21 38137 60000	14539 33568 00000
1	19 08999 60241	12618 48737 19301	1	21 50742 65121	14646 55745 47401
2	19 20578 03536	12714 22659 40832	2	21 63403 35376	14754 41087 26432
3	19 32209 05761	12810 54605 19543	3	21 76119 87121	14862 89872 03643
4	19 43892 82816	12907 44837 89824	4	21 88892 36736	14972 02379 27424
5	19 55629 50625	13004 93621 65625	5	22 01721 00625	15081 78889 28125
6	19 67419 25136	13103 01221 40576	6	22 14605 95216	15192 19683 18176
7	19 79262 22321	13201 67902 88107	7	22 27547 36961	15303 25042 92207
8	19 91158 58176	13300 93932 61568	8	22 40545 42336	15414 95251 27168
9	20 03108 48721	13400 79577 94349	9	22 53600 27841	15527 30591 82449

n	$Y_n(21)$	$Y_n(22)$	$Y_n(23)$	$Y_n(24)$	$Y_n(25)$
0	+ 0,17020 17584 22156	+ 0,11988 75978 00671	−0,03598 17902 73702 83	−0,15283 40287 97587 78	−0,12724 94322 6800
1	− 0,03253 92607 55865	+ 0,12340 58562 26507	+0,16166 92009 92633 12	+0,05305 97761 21202 16	−0,09882 99647 8323
2	− 0,17330 07356 37002	− 0,10866 88835 98262	+0,05003 99816 64366 58	+0,15725 56768 07688	+0,11934 30350 8534
3	− 0,00047 04031 74992	− 0,14316 38350 6255	−0,15296 65954 85786 76	−0,02685 04966 53254	+0,11792 48503 9688
4	+ 0,17316 63347 29861	+ 0,06962 42013 0847	−0,08994 43109 21528 34	− 16396 83009 71001	−0,09104 10709 9009
5	+ 0,06643 85306 91130	+ 0,16848 17264 4745	+0,12168 16177 73950 82	− 02780 56036 70413	−0,14705 79931 1371
6	− 0,14152 89391 6266	+ 0,00695 84016 2218	+0,14284 93621 27593 91	+ 15238 26327 74996	+0,03221 78737 4461
7	− 0,14731 22102 1265	− 0,16468 62346 5353	−0,04715 15157 94336 61	+ 10399 69200 57911	+0,16252 25725 1112
8	+ 0,04332 07990 2089	− 0,11175 87327 6534	−0,17155 02847 85016 19	− 09171 77627 41215	+0,05879 47668 6162
9	+ 0,18031 85332 7618	+ 0,08340 71562 7874	−0,07218 78127 51761 61	− 16514 20952 18721	−0,12489 39217 1968
10	+ 0,11123 79437 8727	+ 0,18000 09515 389	+0,11505 54748 05376 67	− 03213 88086 72826	−0,14871 83904 9979
11	− 0,07437 76344 3117	+ 0,08023 00723 929	+0,17223 60517 12958 72	+ 13835 97546 5803	+0,00591 92093 1985
12	− 0,18915 73703 3421	− 0,09977 08791 459	+0,04969 20529 20062 10	+ 15896 85837 7602	+0,15392 72947 0126
13	− 0,14180 22173 7935	− 0,18907 10314 612	−0,12038 34747 52893 92	+ 02060 88291 1799	+0,14185 09935 9336
14	+ 0,01359 27202 4548	− 0,12367 67034 900	−0,18577 77200 32029 14	− 13664 23522 3153	−0,00640 22613 6417
15	+ 0,15992 58443 7333	+ 0,03166 43179 284	−0,10578 07061 55663 28	− 18002 49067 2145	−0,14902 15623 2122
16	+ 0,21487 27717 164	+ 0,16685 53188 47	+0,04780 28859 1565	− 08838 87811 7033	−0,17242 35702 21
17	+ 0,16749 93315 75	+ 0,21103 43276 7	+0,17228 90691 7	+ 06217 31984 943	−0,07168 06435 6
18	+ 0,05631 66222 6	+ 0,15928 86420 8	+0,20688 53032 9	+ 17646 74790 37	+0,07493 78949 8
19	− 0,07095 65506	+ 0,04961 98139	+0,15153 14055	+ 20252 80200 6	+0,17959 12123
20	− 0,18471 41899	− 0,07358 16908	+0,04347 09320	+ 14420 18861	+0,19804 07478
21	− 0,28087 6002	− 0,18340 4706	−0,07592 9785	+ 03780 8457	+0,13727 3984
22	− 0,37703 781	− 0,27655 457	−0,18212 532	− 07803 709	+0,03257 955
23	− 0,50910 80	− 0,36970 44	−0,27248 39	− 18087 645	−0,07993 40
24	− 0,73815 1	− 0,49646 4	−0,36284 2	− 26864 3	−0,17965 8
25	− 1,17809	− 0,71349	−0,48475	− 35641	−0,26501
26	− 2,0668	− 1,1251	−0,6910	− 4739	−0,3504
27	− 3,940	− 1,946	−1,077	− 670	−0,464
28	− 8,06	− 3,65	−1,84	−1,03	−0,65
29	−17,6	− 7,3	−3,4	−1,7	−1,0
30	−40,	−16,	−7,	−3,	−2,

x	x^4	x^5	x	x^4	x^5
690	22 66712 10000	15640 31349 00000	710	25 41168 10000	18042 29351 00000
1	22 79881 05361	15753 97808 04451	1	25 55514 81441	18169 71033 04551
2	22 93107 30496	15868 30255 03232	2	25 69922 19136	18297 84600 24832
3	23 06391 02001	15983 28976 86693	3	25 84390 40161	18426 70356 34793
4	23 19732 36496	16098 94261 28224	4	25 98919 61616	18556 28605 93824
5	23 33131 50625	16215 26396 84375	5	26 13510 00625	18686 59654 46875
6	23 46588 61056	16332 25672 94976	6	26 28161 74336	18817 63808 24576
7	23 60103 84481	16449 92379 83257	7	26 42874 99921	18949 41374 43357
8	23 73677 37616	16568 26808 55968	8	26 57649 94576	19081 92661 05568
9	23 87309 37201	16687 29251 03499	9	26 72486 75521	19215 17976 99599
700	24 01000 00000	16807 00000 00000	720	26 87385 60000	19349 17632 00000
1	24 14749 42801	16927 39349 03501	1	27 02346 65281	19483 91936 67601
2	24 28557 82416	17048 47592 56032	2	27 17370 08656	19619 41202 49632
3	24 42425 35681	17170 25025 83743	3	27 32456 07441	19755 65741 79843
4	24 56352 19456	17292 71944 97024	4	27 47604 78976	19892 65867 78624
5	24 70338 50625	17415 88646 90625	5	27 62816 40625	20030 41894 53125
6	24 84384 46096	17539 75429 43776	6	27 78091 09776	20168 94136 97376
7	24 98490 22801	17664 32591 20307	7	27 93429 03841	20308 22910 92407
8	25 12655 97696	17789 60431 68768	8	28 08830 40256	20448 28533 06368
9	25 26881 87761	17915 59251 22549	9	28 24295 36481	20589 11320 94649

Tafel X.

x	x^11	x^12	x	x^11	x^12
1	1	1	51	6071 16361 52082 63051	3 09629 34437 56214 15601
2	2048	4096	52	7516 86550 93509 65248	3 90877 00648 62501 92896
3	1 77147	5 31441	53	9269 03592 93721 91597	4 91258 90425 67261 54641
4	41 94304	167 77216	54	11384 95604 03057 11104	6 14787 62617 65083 99616
5	488 28125	2441 40625	55	13931 23391 65527 34375	7 66217 86541 04003 90625
6	3627 97056	21767 82336	56	16985 10738 93823 93856	9 51166 01380 54140 55936
7	19773 26743	1 38412 87201	57	20635 89989 30428 01193	11 76246 29390 34396 68001
8	85899 34592	6 87194 76736	58	24986 64400 01655 37792	14 49225 35200 96011 91936
9	3 13810 59609	28 24295 36481	59	30155 88844 47378 42659	17 79197 41823 95327 16881
10	10 00000 00000	100 00000 00000	60	36279 70560 00000 00000	21 76782 33600 00000 00000
11	28 53116 70611	313 84283 76721	61	43513 91761 14358 38661	26 54348 97429 75861 58321
12	74 30083 70688	891 61004 48256	62	52036 56068 38370 93888	32 26266 76239 78998 21056
13	179 21603 94037	2329 80851 22481	63	62050 60838 85528 23487	39 09188 32847 89278 79681
14	404 95651 69664	5669 39123 75296	64	73786 97629 48382 06464	47 22366 48286 96452 13696
15	864 97558 59375	12974 63378 90625	65	87507 83174 00878 90625	56 88009 06310 57128 90625
16	1759 21860 44416	28147 49767 10656	66	1 03510 23414 01125 21216	68 31675 45324 74264 00256
17	3427 18963 07633	58262 22372 29761	67	1 22130 13290 49680 17083	81 82718 90463 28571 44561
18	6426 84100 79232	1 15683 13814 26176	68	1 43746 75177 06903 22432	97 74779 12040 69419 25376
19	11649 02588 98219	2 21331 49190 66161	69	1 68787 39018 51784 26269	116 46329 92277 73114 12561
20	20480 00000 00000	4 09600 00000 00000	70	1 97732 67430 00000 00000	138 41287 20100 00000 00000
21	35027 75005 42221	7 35582 75113 86641	71	2 31122 29212 17015 65271	164 09682 74064 08111 34241
22	58431 83014 11328	12 85500 26310 49216	72	2 69561 24946 89630 94528	194 08409 96176 53428 06016
23	95280 97579 13927	21 91462 44320 20321	73	3 13726 68556 83597 08377	229 02048 04649 02587 11521
24	1 52168 11431 69024	36 52034 74360 56576	74	3 64375 28940 43349 25824	269 63771 41592 07845 10976
25	2 38418 57910 15625	59 60464 47753 90625	75	4 22351 36032 10449 21875	316 76352 02407 83691 40625
26	3 67034 44869 87776	95 42895 66616 82176	76	4 88595 55885 78355 44576	371 33262 47319 55013 87776
27	5 55906 05665 55523	150 09463 52969 99121	77	5 64154 39638 91374 49973	434 39888 52196 35836 47921
28	8 29350 94674 71872	232 21826 50892 12416	78	6 50190 51483 64235 55072	507 14860 15724 10372 95616
29	12 20050 97657 05829	353 81478 32054 69041	79	7 47993 81052 75209 28879	590 91511 03167 41533 81441
30	17 71470 00000 00000	531 44100 00000 00000	80	8 58993 45920 00000 00000	687 19476 73600 00000 00000
31	25 40847 68964 04831	787 66278 37885 49761	81	9 84770 90218 36112 32881	797 66443 07687 25098 63361
32	36 02879 70189 63968	1152 92150 46068 46976	82	11 27073 85695 48768 07168	924 20056 27029 98981 87776
33	50 54210 65137 26817	1667 88951 49529 84961	83	12 87831 41853 80858 36267	1068 90007 73866 11244 10161
34	70 18884 36380 32384	2386 42068 36931 01056	84	14 69170 32163 42397 09184	1234 10307 01727 61355 71456
35	96 54915 73730 46875	3379 22050 80566 40625	85	16 73432 43689 61425 78125	1422 41757 13617 21191 40625
36	131 62170 38422 67136	4738 38133 83216 16896	86	19 03193 57843 70641 03936	1636 74647 74558 75129 38496
37	177 91762 17794 60413	6582 95200 58400 35281	87	21 61283 70346 54904 89863	1880 31862 20149 76726 18081
38	238 57205 02235 52512	9065 73790 84949 95456	88	24 50808 58888 27386 75712	2156 71155 82168 10034 02656
39	317 47583 73224 72439	12381 55765 55764 25121	89	27 75173 07376 69903 40489	2469 90403 56526 21403 03521
40	419 43040 00000 00000	16777 21600 00000 00000	90	31 38105 96090 00000 00000	2824 29536 48100 00000 00000
41	500 32903 17162 48441	22563 49030 03661 86081	91	35 43686 67487 47778 31491	3224 75487 41360 47826 65681
42	717 36832 11104 68608	30129 46948 66396 81536	92	39 96373 77885 74156 71808	3676 66387 65488 22418 06336
43	929 29373 94712 22707	39959 63079 72625 76401	93	45 01035 45676 74265 97157	4185 96297 47937 06735 35601
44	1196 68388 12903 99744	52654 09077 67775 88736	94	50 62982 07249 20571 96544	4759 20314 81425 33764 75136
45	1532 27830 12207 03125	68952 52355 49316 40625	95	56 88000 92276 45996 09375	5403 60087 66263 69628 90625
46	1951 35438 42077 22496	89762 30167 35552 34816	96	63 82393 30551 84100 39296	6127 09757 32976 73637 72416
47	2472 15921 50840 12303	1 16191 48310 89485 78241	97	71 53014 03088 08041 26753	6938 42360 99543 80002 95041
48	3116 40298 12101 61152	1 49587 34309 80877 35296	98	80 07313 50749 79595 24352	7847 16723 73480 00333 86496
49	3909 82104 85829 88049	1 91581 23138 05664 14401	99	89 53382 54258 71644 51099	8863 84871 71612 92806 58801
50	4882 81250 00000 00000	2 44140 62500 00000 00000	100	100 00000 00000 00000 00000	10000 00000 00000 00000 00000

x	x^4	x^5	x	x^4	x^5
730	28 39824 10000	20730 71593 00000	**740**	29 98657 60000	22190 06624 00000
1	28 55416 78321	20873 09668 52651	1	30 14899 44561	22340 40489 19701
2	28 71073 58976	21016 25867 70432	2	30 31207 18096	22491 55728 27232
3	28 86794 69521	21160 20511 58893	3	30 47580 98401	22643 52671 11943
4	29 02580 27536	21304 93922 11424	4	30 64021 03296	22796 31648 52224
5	29 18430 50625	21450 46422 09375	5	30 80527 50625	22949 92992 15625
6	29 34345 56416	21596 78335 22176	6	30 97100 58256	23104 37034 58976
7	29 50325 62561	21743 89986 07457	7	31 13740 44081	23259 64109 28507
8	29 66370 86736	21891 81700 11168	8	31 30447 26016	23415 74550 59968
9	29 82481 46641	22040 53803 67699	9	31 47221 22001	23572 68693 78749

Tafel IV.

Zehnstellige Tafel der elliptischen Normalintegrale E, E'.

Das elliptische Normalintegral zweiter Gattung $E = \int_0^{\frac{\pi}{2}} \sqrt{1 - k^2 \sin^2 \varphi} \, d\varphi$
hat die Entwicklung:

$$E = \frac{\pi}{2}\left[1 - \left(\frac{1}{2}\right)^2 k^2 - \left(\frac{1\cdot3}{2\cdot4}\right)^2 \frac{k^4}{3} - \left(\frac{1\cdot3\cdot5}{2\cdot4\cdot6}\right)\frac{k^6}{5} - \cdots\right]. \tag{1}$$

Setzt man $k_1 = \dfrac{1 - \sqrt{1 - k^2}}{1 + \sqrt{1 + k^2}}$, so ergibt sich:

$$E = \frac{\pi}{2(1 + k_1)}\left[1 + \left(\frac{1}{2}\right)^2 k_1^2 + \left(\frac{1}{2\cdot4}\right)^2 k_1^4 + \left(\frac{1\cdot3}{2\cdot4\cdot6}\right)^2 k_1^6 + \cdots\right]. \tag{2}$$

In der Formel ist:

$$\left(\frac{1}{2}\right)^2 = 0{,}25 \qquad\qquad \left(\frac{1\cdot3\cdot5\cdot7}{2\cdot4\cdot6\cdot8\cdot10}\right)^2 = 0{,}00074\ 76806\ 64062\ 5$$

$$\left(\frac{1}{2\cdot4}\right)^2 = 0{,}01562\ 5 \qquad\qquad \left(\frac{1\cdot3\cdot5\cdot7\cdot9}{2\cdot4\cdot6\cdot8\cdot10\cdot12}\right)^2 = 0{,}00042\ 05703\ 73535\ 15625$$

$$\left(\frac{1\cdot3}{2\cdot4\cdot6}\right)^2 = 0{,}00390\ 625 \qquad\qquad \left(\frac{1\cdot3\cdots11}{2\cdot4\cdots14}\right)^2 = 0{,}00025\ 96378\ 32641\ 60156\ 25$$

$$\left(\frac{1\cdot3\cdot5}{2\cdot4\cdot6\cdot8}\right)^2 = 0{,}00152\ 58789\ 0625 \qquad\qquad \left(\frac{1\cdot3\cdots13}{2\cdot4\cdots16}\right)^2 = 0{,}00017\ 14015\ 37954\ 80728\ 14941\ 40625$$

$$\vdots$$

Bei zunehmendem k^2 benutzt man die Formel (2) bequemer. Ist z. B. $k^2 = 0{,}500$, so findet man $k_1 = 0{,}17157\ 28752\ 53\cdots$, das ein Drittel von 0,500 beträgt.

Zwischen K, K', E, E' besteht die Legendresche Beziehung:

$$E K' + K E' - K K' = \frac{\pi}{2}.$$

x	x^4	x^5	x	x^4	x^5
750	31 64062 50000	23730 46875 00000	**770**	35 15304 10000	27067 84157 00000
1	31 80971 28001	23889 09431 28751	1	35 33601 02481	27244 06390 12851
2	31 97947 74016	24048 56700 60032	2	35 51969 28256	27421 20286 13632
3	32 14992 06081	24208 89021 78993	3	35 70409 05841	27599 26202 15093
4	32 32104 42256	24370 06734 61024	4	35 88920 53776	27778 24496 22624
5	32 49285 00625	24532 10179 71875	5	36 07503 90625	27958 15527 34375
6	32 66533 99296	24694 99698 67776	6	36 26159 34976	28138 99655 41376
7	32 83851 56401	24858 75633 95557	7	36 44887 05441	28320 77241 27657
8	33 01237 90096	25023 38328 92768	8	36 63687 20656	28503 48646 70368
9	33 18693 18561	25188 88127 87799	9	36 82559 99281	28687 14234 39899
760	33 36217 60000	25355 25376 00000	**780**	37 01505 60000	28871 74368 00000
1	33 53811 32641	25522 50419 39801	1	37 20524 21521	29057 29412 07901
2	33 71474 54736	25690 63605 08832	2	37 39616 02576	29243 79732 14432
3	33 89207 44561	25859 65281 00043	3	37 58781 21921	29431 25694 64143
4	34 07010 20416	26029 55795 97824	4	37 78019 98336	29619 67666 95424
5	34 24883 00625	26200 35499 78125	5	37 97332 50625	29809 06017 40625
6	34 42826 03536	26372 04743 08576	6	38 16718 97616	29999 41115 26176
7	34 60839 47521	26544 63877 48607	7	38 36179 58161	30190 73330 72707
8	34 78923 50976	26718 13255 49568	8	38 55714 51136	30383 03034 95168
9	34 97078 32321	26892 53230 54849	9	38 75323 95441	30576 30600 02949

k²	E	E'	k'²	k²	E	E'	k'²	k²	E	E'	k'²
0	1,57079 63268	I	1,000	0,050	1,55097 33518	1,06047 37278	0,950	0,100	1,53075 76369	1,10477 47327	0,900
0,001	040 35541	1,00217 07908	0,999	I	057 29722	144 40247	0,949	I	034 91343	559 21666	0,899
2	001 06339	399 61592	8	2	017 24345	240 98585	8	2	1,52994 04636	640 74645	8
3	1,56961 75660	569 17213	7	3	1,54977 17413	337 13207	7	3	953 16245	722 06492	7
4	922 43504	730 32628	6	4	937 08895	432 84990	6	4	912 26168	803 17433	6
5	883 09868	885 25124	5	5	896 98799	528 14778	5	5	871 34403	884 07687	5
6	843 74749	1,01035 22580	4	6	856 87123	623 03387	4	6	830 40946	964 77471	4
7	804 38147	181 09439	3	7	816 73864	717 51600	3	7	789 45797	1,11045 26995	3
8	765 00060	323 45673	2	8	776 59021	811 60174	2	8	748 48952	125 56468	2
9	725 60485	462 76091	I	9	736 42591	905 29838	I	9	707 50408	205 66093	I
0,010	686 19420	599 35450	0,990	0,060	696 24572	998 61299	0,940	0,110	666 50165	285 56070	0,890
I	646 76865	733 51500	0,989	I	656 04963	1,07091 55245	0,939	I	625 48219	365 26596	0,889
2	607 32816	865 46902	8	2	615 83760	184 12308	8	2	584 44568	444 77861	8
3	567 87272	995 40517	7	3	575 60963	276 33151	7	3	543 39210	524 10056	7
4	528 40231	1,02123 48283	6	4	535 36568	368 18394	6	4	502 32142	603 23367	6
5	488 91692	249 83844	5	5	495 10575	459 68599	5	5	461 23361	682 17974	5
6	449 41652	374 59016	4	6	454 82979	550 84377	4	6	420 12866	760 94057	4
7	409 90109	497 84125	3	7	414 53781	641 66278	3	7	379 00654	839 51793	3
8	370 37061	619 68277	2	8	374 22976	732 14845	2	8	337 86723	917 91352	2
9	330 82508	740 19555	I	9	333 90564	822 30604	I	9	296 71070	996 12907	I
0,020	291 26446	859 45190	0,980	0,070	293 56542	912 14067	0,930	0,120	255 53692	1,12074 16622	0,880
I	251 68873	977 51683	0,979	I	253 20908	1,08001 65730	0,929	I	214 34588	152 02661	0,879
2	212 09789	1,03094 44909	8	2	212 83659	090 86076	8	2	173 13755	229 71187	8
3	172 49190	210 30209	7	3	172 44794	179 75573	7	3	131 91190	307 22357	7
4	132 87076	325 12453	6	4	132 04310	268 34677	6	4	090 66891	384 56328	6
5	093 23443	438 96102	5	5	091 62206	356 63831	5	5	049 40856	461 73251	5
6	053 58290	551 85263	4	6	051 18478	444 63465	4	6	008 13082	538 73279	4
7	013 91616	663 83716	3	7	010 73126	532 33999	3	7	1,51966 83566	615 56558	3
8	1,55974 23418	774 94962	2	8	1,53970 26146	619 75841	2	8	925 52307	692 23236	2
9	934 53694	885 22252	I	9	929 77536	706 89389	I	9	884 19301	768 73454	I
0,030	894 82442	994 68609	0,970	0,080	889 27295	793 75031	0,920	0,130	842 84547	845 07356	0,870
I	855 09660	1,04103 36852	0,969	I	848 75420	880 33143	0,919	I	801 48041	921 25078	0,869
2	815 35347	211 29618	8	2	808 21909	966 64094	8	2	760 09781	997 26759	8
3	775 59500	318 49376	7	3	767 66759	1,09052 68242	7	3	718 69765	1,13073 12533	7
4	735 82117	424 98444	6	4	727 09969	138 45938	6	4	677 27990	148 82532	6
5	696 03197	530 79005	5	5	686 51536	223 97523	5	5	635 84454	224 36887	5
6	656 22738	635 93114	4	6	645 91457	309 23330	4	6	594 39154	299 75726	4
7	616 40736	740 42708	3	7	605 29732	394 23684	3	7	552 92088	374 99176	3
8	576 57191	844 29623	2	8	564 66357	478 98904	2	8	511 43253	450 07362	2
9	536 72101	947 55595	I	9	524 01330	563 49299	I	9	469 92646	525 00406	I
0,040	496 85462	1,05050 22270	0,960	0,090	483 34649	647 75174	0,910	0,140	428 40265	599 78430	0,860
I	456 97275	152 31210	0,959	I	442 66312	731 76823	0,909	I	386 86108	674 41552	0,859
2	417 07535	253 83902	8	2	401 96317	815 54538	8	2	345 30171	748 89890	8
3	377 16242	354 81759	7	3	361 24660	899 08601	7	3	303 72453	823 23560	7
4	337 23393	455 26129	6	4	320 51341	982 39289	6	4	262 12950	897 42675	6
5	297 28987	555 18298	5	5	279 76356	1,10065 46873	5	5	220 51661	971 47349	5
6	257 33021	654 59494	4	6	238 99703	148 31619	4	6	178 88582	1,14045 37692	4
7	217 35493	753 50890	3	7	198 21380	230 93786	3	7	137 23712	119 13814	3
8	177 36401	851 93610	2	8	157 41385	313 33628	2	8	095 57046	192 75821	2
9	137 35743	949 88729	I	9	116 59715	395 51394	I	9	053 88583	266 23821	I
k'²	E'	E	k²	k'²	E'	E	k²	k'²	E'	E	k²

x	x⁴	x⁵	x	x⁴	x⁵
790	38 95008 10000	30770 56399 00000	800	40 96000 00000	32768 00000 00000
I	39 14767 13761	30965 80805 84951	I	41 16518 43201	32973 31264 04001
2	39 34601 25696	31162 04195 51232	2	41 37113 85616	33179 65312 64032
3	39 54510 64801	31359 26943 87193	3	41 57786 46481	33387 02531 24243
4	39 74495 50096	31557 49427 76224	4	41 78536 45056	33595 43306 25024
5	39 94556 00625	31756 72024 96875	5	41 99364 00625	33804 88025 03125
6	40 14692 35456	31956 95114 22976	6	42 20269 32496	34015 37075 91776
7	40 34904 73681	32158 19075 23757	7	42 41252 60001	34226 90848 20807
8	40 55193 34416	32360 44288 63968	8	42 62314 02496	34439 49732 16768
9	40 75558 36801	32563 71136 03999	9	42 83453 79361	34653 14119 03049

k²	E	E′	k′²	k²	E	E′	k′²	k²	E	E′	k′²
0,150	1,51012 18321	1,14339 57919	0,850	0,200	1,48903 50581	1,17848 99243	0,800	0,250	1,46746 22093	1,21105 60276	0,750
1	1,50970 46256	412 78217	0,849	1	650 84896	916 36231	0,799	1	702 55278	168 59474	0,749
2	928 72386	485 84817	8	2	818 17265	983 63288	8	2	658 86357	231 50964	8
3	886 96708	558 77821	7	3	775 47685	1,18050 80471	7	3	615 15325	294 34782	7
4	845 19220	631 57326	6	4	732 76154	117 87834	6	4	571 42180	357 10962	6
5	803 39918	704 23432	5	5	690 02668	184 85433	5	5	527 66918	419 79538	5
6	761 58801	776 76235	4	6	647 27225	251 73320	4	6	483 89535	482 40544	4
7	719 75866	849 15829	3	7	604 49821	318 51551	3	7	440 10029	544 94015	3
8	677 91110	921 42309	2	8	561 70453	385 20177	2	8	396 28395	607 39985	2
9	636 04530	993 55768	1	9	518 89118	451 79251	1	9	352 44630	669 78486	1
0,160	594 16124	1,15065 56298	0,840	0,210	476 05813	518 28825	0,790	0,260	308 58731	732 09553	0,740
1	552 25888	137 43988	0,839	1	433 20536	584 68950	0,789	1	264 70693	794 33217	0,739
2	510 33821	209 18928	8	2	390 33282	650 99677	8	2	220 80514	856 49511	8
3	468 39919	280 81206	7	3	347 44049	717 21056	7	3	176 88190	918 58468	7
4	426 44181	352 30910	6	4	304 52834	783 33138	6	4	132 93717	980 60120	6
5	384 46602	423 68124	5	5	261 59634	849 35972	5	5	088 97092	1,22042 54498	5
6	342 47181	494 92934	4	6	218 64446	915 29607	4	6	044 98311	104 41635	4
7	300 45914	566 05423	3	7	175 67265	981 14090	3	7	000 97371	166 21561	3
8	258 42800	637 05675	2	8	132 68090	1,19046 89471	2	8	1,45956 94267	227 94306	2
9	216 37834	707 93771	1	9	089 66918	112 55796	1	9	912 88997	289 59907	1
0,170	174 31015	778 69792	0,830	0,220	046 63744	178 13113	0,780	0,270	868 81556	351 18387	0,730
1	132 22340	849 33817	0,829	1	003 58566	243 61468	0,779	1	824 71941	412 69780	0,729
2	090 11805	919 85925	8	2	1,47960 51381	309 00907	8	2	780 60149	474 14115	8
3	047 99409	990 26194	7	3	917 42185	374 31477	7	3	736 46175	535 51424	7
4	005 85148	1,16060 54701	6	4	874 30976	439 53222	6	4	692 30016	596 81734	6
5	1,49963 69019	130 71522	5	5	831 17750	504 66187	5	5	648 11669	658 05076	5
6	921 51021	200 76732	4	6	788 02504	569 70417	4	6	603 91129	719 21478	4
7	879 31149	270 70405	3	7	744 85234	634 65957	3	7	559 68393	780 30971	3
8	837 09401	340 52614	2	8	701 65938	699 52848	2	8	515 43458	841 33582	2
9	794 85775	410 23432	1	9	658 44613	764 31136	1	9	471 16318	902 29341	1
0,180	752 60268	479 82930	0,820	0,230	615 21254	829 00862	0,770	0,280	426 86972	963 18275	0,720
1	710 32876	549 31180	0,819	1	571 95859	893 62070	0,769	1	382 55414	1,23024 00413	0,719
2	668 03596	618 68251	8	2	528 68425	958 14801	8	2	338 21642	084 75782	8
3	625 72427	687 94213	7	3	485 38948	1,20022 59097	7	3	293 85651	145 44411	7
4	583 39365	757 09133	6	4	442 07425	086 95000	6	4	249 47437	206 06326	6
5	541 04407	826 13080	5	5	398 73853	151 22549	5	5	205 06998	266 61556	5
6	498 67551	895 06121	4	6	355 38228	215 41787	4	6	160 64328	327 10127	4
7	456 28793	963 88321	3	7	312 00547	279 52753	3	7	116 19425	387 52066	3
8	413 88131	1,17032 59745	2	8	268 60807	343 55487	2	8	071 72284	447 87400	2
9	371 45561	101 20460	1	9	225 19005	407 50029	1	9	027 22902	508 16156	1
0,190	329 01081	169 70528	0,810	0,240	181 75137	471 36418	0,760	0,290	1,44982 71274	568 38359	0,710
1	286 54689	238 10013	0,809	1	138 29199	535 14693	0,759	1	938 17397	628 54037	0,709
2	244 06380	306 38977	8	2	094 81189	598 84892	8	2	893 61267	688 63214	8
3	201 56152	374 57483	7	3	051 31103	662 47054	7	3	849 02879	748 65917	7
4	159 04002	442 65591	6	4	007 78938	726 01215	6	4	804 42231	808 62170	6
5	116 49928	510 63362	5	5	1,46964 24691	789 47415	5	5	759 79319	868 52001	5
6	073 93926	578 50857	4	6	920 68357	852 85690	4	6	715 14137	928 35433	4
7	031 35993	646 28134	3	7	877 09934	916 16077	3	7	670 46683	988 12493	3
8	1,48988 76127	713 95252	2	8	833 49418	979 38613	2	8	625 76952	1,24047 83204	2
9	946 14324	781 52269	1	9	789 86805	1,21042 53334	1	9	581 04940	107 47591	1
k′²	E′	E	k²	k′²	E′	E	k²	k′²	E′	E	k²

x	x⁴	x⁵	x	x⁴	x⁵
810	43 04672 10000	34867 84401 00000	820	45 21217 60000	37073 98432 00000
1	43 25969 13841	35083 60971 25051	1	45 43312 69681	37300 59724 08101
2	43 47345 10336	35300 44223 92832	2	45 65488 67856	37528 31693 77632
3	43 68800 18961	35518 34554 15293	3	45 87745 74241	37757 14746 00343
4	43 90334 59216	35737 32358 01824	4	46 10084 08576	37987 09286 66624
5	44 11948 50625	35957 38032 59375	5	46 32503 90625	38218 15722 65625
6	44 33642 12736	36178 51975 92576	6	46 55005 40176	38450 34461 85376
7	44 55415 65121	36400 74587 03857	7	46 77588 77041	38683 65913 12907
8	44 77269 27376	36624 06265 93568	8	47 00254 21056	38918 10486 34368
9	44 99203 19121	36848 47413 60099	9	47 23001 92081	39153 68592 35149

k²	E	E'	k'²	k²	E	E'	k'²	k²	E	E'	k'²
0,300	1,44536 30644	1,24167 05679	0,700	0,350	1,42269 11335	1,27070 74796	0,650	0,400	1,39939 21389	1,29842 80350	0,600
1	491 54059	226 57493	0,699	1	223 14946	127 40570	0,649	1	891 93417	897 04276	0,599
2	446 75182	286 03056	8	2	177 16048	184 01117	8	2	844 62680	951 23733	8
3	401 94008	345 42392	7	3	131 14636	240 56456	7	3	797 29170	1,30005 38735	7
4	357 10534	404 75526	6	4	085 10704	297 06603	6	4	749 92883	059 49294	6
5	312 24755	464 02481	5	5	039 04248	353 51577	5	5	702 53814	113 55425	5
6	267 36667	523 23280	4	6	1,41992 95264	409 91394	4	6	655 11955	167 57138	4
7	222 46266	582 37947	3	7	946 83746	466 26071	3	7	607 67303	221 54448	3
8	177 53549	641 46505	2	8	900 69690	522 55625	2	8	560 19850	275 47367	2
9	132 58511	700 48977	1	9	854 53091	578 80073	1	9	512 69592	329 35908	1
0,310	087 61147	759 45386	0,690	0,360	808 33945	634 99432	0,640	0,410	465 16522	383 20084	0,590
1	042 61455	818 35754	0,689	1	762 12245	691 13717	0,639	1	417 60635	436 99907	0,589
2	1,43997 59429	877 20105	8	2	715 87988	747 22946	8	2	370 01925	490 75389	8
3	952 55065	935 98460	7	3	669 61169	803 27134	7	3	322 40386	544 46544	7
4	907 48361	994 70842	6	4	623 31782	859 26299	6	4	274 76013	598 13383	6
5	862 39310	1,25053 37273	5	5	576 99823	915 20456	5	5	227 08799	651 75918	5
6	817 27909	111 97775	4	6	530 65287	971 09621	4	6	179 38738	705 34163	4
7	772 14155	170 52369	3	7	484 28169	1,28026 93811	3	7	131 65826	758 88129	3
8	726 98042	229 01078	2	8	437 88463	082 73041	2	8	083 90055	812 37828	2
9	681 79566	287 43923	1	9	391 46166	138 47328	1	9	036 11420	865 83273	1
0,320	636 58724	345 80926	0,680	0,370	345 01272	194 16686	0,630	0,420	1,38988 29915	919 24476	0,580
1	591 35510	404 12107	0,679	1	298 53776	249 81131	0,629	1	940 45534	972 61448	0,579
2	546 09922	462 37487	8	2	252 03673	305 40680	8	2	892 58271	1,31025 94201	8
3	500 81954	520 57089	7	3	205 50958	360 95347	7	3	844 68120	079 22747	7
4	455 51601	578 70931	6	4	158 95625	416 45148	6	4	796 75075	132 47098	6
5	410 18861	636 79036	5	5	112 37671	471 90099	5	5	748 79129	185 67266	5
6	364 83728	694 81424	4	6	065 77089	527 30213	4	6	700 80278	238 83262	4
7	319 46199	752 78115	3	7	019 13875	582 65507	3	7	652 78514	291 95098	3
8	274 06268	810 69130	2	8	1,40972 48023	637 95996	2	8	604 73831	345 02786	2
9	228 63932	868 54488	1	9	925 79529	693 21694	1	9	556 66224	398 06336	1
0,330	183 19186	926 34210	0,670	0,380	879 08387	748 42617	0,620	0,430	508 55686	451 05761	0,570
1	137 72026	984 08315	9	1	832 34592	803 58778	0,619	1	460 42211	504 01071	0,569
2	092 22447	0,26041 76824	8	2	785 58139	858 70193	8	2	412 25793	556 92279	8
3	046 70445	099 39756	7	3	738 79022	913 76877	7	3	364 06425	609 79395	7
4	001 16015	156 97131	6	4	691 97236	968 78844	6	4	315 84101	662 62430	6
5	1,42955 59154	214 48967	5	5	645 12777	1,29023 76108	5	5	267 58816	715 41396	5
6	909 99856	271 95285	4	6	598 25639	078 68684	4	6	219 30561	768 16304	4
7	864 38117	329 36104	3	7	551 35816	133 56586	3	7	170 99332	820 87164	3
8	818 73933	386 71442	2	8	504 43303	188 39828	2	8	122 65122	873 53988	2
9	773 07300	444 01318	1	9	457 48095	243 18425	1	9	074 27925	926 16787	1
0,340	727 38211	501 25752	0,660	0,390	410 50187	297 92390	0,610	0,440	025 87733	978 75572	0,560
1	681 66664	558 44761	0,659	1	363 49573	352 61738	0,609	1	1,37977 44541	1,32031 30352	0,559
2	635 92654	615 58366	8	2	316 46247	407 26482	8	2	928 98342	083 81141	8
3	590 16175	672 66583	7	3	269 40205	461 86636	7	3	880 49130	136 27947	7
4	544 37224	729 69432	6	4	222 31441	516 42215	6	4	831 96898	188 70781	6
5	498 55796	786 66930	5	5	175 19950	570 93231	5	5	783 41639	241 09655	5
6	452 71885	843 59096	4	6	128 05726	625 39698	4	6	734 83348	293 44578	4
7	406 85489	900 45948	3	7	080 88763	679 81630	3	7	686 22016	345 75562	3
8	360 96602	957 27503	2	8	033 69056	734 19041	2	8	637 57639	398 02617	2
9	315 05218	1,27014 03780	1	9	1,39986 46600	788 51943	1	9	588 90209	450 25752	1
k'²	E'	E	k²	k'²	E'	E	k²	k'²	E'	E	k²

x	x⁴	x⁵	x	x⁴	x⁵
830	47 45832 10000	39390 40643 00000	840	49 78713 60000	41821 19424 00000
1	47 68744 94721	39628 27051 13151	1	50 02464 12961	42070 72333 00201
2	47 91740 66176	39867 28230 58432	2	50 26299 53296	42321 44206 75232
3	48 14819 44321	40107 44596 19393	3	50 50220 01201	42573 35470 12443
4	48 37981 49136	40348 76563 79424	4	50 74225 76896	42826 46549 00224
5	48 61227 00625	40591 24550 21875	5	50 98317 00625	43080 77870 28125
6	48 84556 18816	40834 88973 30176	6	51 22493 92656	43336 29861 86976
7	49 07969 23761	41079 70251 87957	7	51 46756 73281	43593 02952 69007
8	49 31466 35536	41325 68805 79168	8	51 71105 62816	43850 97572 67968
9	49 55047 74241	41572 85055 88199	9	51 95540 81601	44110 14152 79249

k²	E	E	k'²
0,450	1,37540 19719	1,32502 44980	**0,550**
1	491 46163	554 60309	0,549
2	442 69534	606 71750	8
3	393 89825	658 79314	7
4	345 07030	710 83010	6
5	296 21141	762 82849	5
6	247 32152	814 78840	4
7	198 40057	866 70995	3
8	149 44847	918 59322	2
9	100 46517	970 43832	1
0,460	051 45059	1,33022 24534	**0,540**
1	002 40467	074 01439	0,539
2	1,36953 32732	125 74556	8
3	904 21849	177 43896	7
4	855 07810	229 09467	6
5	805 90609	280 71279	5
6	756 70237	332 29342	4
7	707 46689	383 83667	3
8	658 19956	435 34261	2
9	608 90032	486 81135	1
0,470	559 56909	538 24298	**0,530**
1	510 20580	589 63759	0,529
2	460 81039	640 99528	8
3	411 38276	692 31615	7
4	361 92286	743 60028	6
5	312 43061	794 84777	5
6	262 90593	846 05870	4
7	213 34875	897 23318	3
8	163 75900	948 37129	2
9	114 13659	999 47312	1
0,480	064 48146	1,34050 53877	**0,520**
1	014 79354	101 56832	0,519
2	1,35965 07273	152 56186	8
3	915 31898	203 51948	7
4	865 53219	254 44127	6
5	815 71230	305 32733	5
6	765 85923	356 17773	4
7	715 97289	406 99256	3
8	666 05322	457 77191	2
9	616 10014	508 51588	1
0,490	566 11356	559 22454	**0,510**
1	516 09341	609 89798	0,509
2	466 03960	660 53628	8
3	415 95206	711 13954	7
4	365 83072	761 70784	6
5	315 67548	812 24126	5
6	265 48627	862 73988	4
7	215 26301	913 20379	3
8	165 00562	963 63308	2
9	114 71401	1,35014 02782	1
0,500	064 38810	064 38810	**0,500**
k'²	E'	E	k²

x	x⁴	x⁵
860	54 70081 60000	47042 70176 00000
1	54 95568 25041	47316 84263 60301
2	55 21143 85936	47592 26006 76832
3	55 46808 63361	47868 95850 80543
4	55 72562 78016	48146 94242 05824
5	55 98406 50625	48426 21627 90625
6	56 24340 01936	48706 78456 76576
7	56 50363 52721	48988 65178 09107
8	56 76477 23776	49271 82242 37568
9	57 02681 35921	49556 30101 15349
870	57 28976 10000	49842 09207 00000
1	57 55361 66881	50129 20013 53351
2	57 81838 27456	50417 62975 41632
3	58 08406 12641	50707 38548 35593
4	58 35065 43376	50998 47189 10624
5	58 61816 40625	51290 89355 46875
6	58 88659 25376	51584 65506 29376
7	59 15594 18641	51879 76101 48157
8	59 42621 41456	52176 21601 98368
9	59 69741 14881	52474 02469 80399
880	59 96953 60000	52773 19168 00000
1	60 24258 97921	53073 72160 68401
2	60 51657 49776	53375 61913 02432
3	60 79149 36721	53678 88891 24643
4	61 06734 79936	53983 53562 63424
5	61 34414 00625	54289 56395 53125
6	61 62187 20016	54596 97859 34176
7	61 90054 59361	54905 78424 53207
8	62 18016 39936	55215 98562 63168
9	62 46072 83041	55527 58746 23449
890	62 74224 10000	55840 59449 00000
1	63 02470 42161	56155 01145 65451
2	63 30812 00896	56470 84311 99232
3	63 59249 07601	56788 09424 87693
4	63 87781 83696	57106 76962 24224
5	64 16410 50625	57426 87403 09375
6	64 45135 29856	57748 41227 50976
7	64 73956 42881	58071 38916 64257
8	65 02874 11216	58395 80952 71968
9	65 31888 56401	58721 67819 04499
900	65 61000 00000	59049 00000 00000
1	65 90208 63601	59377 77981 04501
2	66 19514 68816	59708 02248 72032
3	66 48918 37281	60039 73290 64743
4	66 78419 90656	60372 91595 53024
5	67 08019 50625	60707 57653 15625
6	67 37717 38896	61043 71954 39776
7	67 67513 77201	61381 34991 21307
8	67 97408 87296	61720 47256 64768
9	68 27402 90961	62061 09244 83549
910	68 57496 10000	62403 21451 00000
1	68 87688 66241	62746 84371 45551
2	69 17980 81536	63091 98503 60832
3	69 48372 77761	63438 64345 95793
4	69 78864 76816	63786 82398 09824
5	70 09457 00625	64136 53160 71875
6	70 40149 71136	64487 77135 60576
7	70 70943 10321	64840 54825 64357
8	71 01837 40176	65194 86734 81568
9	71 30832 82721	65550 73368 20599

x	x⁴	x⁵
850	52 20062 50000	44370 53125 00000
1	52 44670 88401	44632 14922 29251
2	52 69366 17216	44894 99978 68032
3	52 94148 56881	45159 08729 19493
4	53 19018 27856	45424 41609 89024
5	53 43975 50625	45690 99057 84375
6	53 69020 45696	45958 81511 15776
7	53 94153 33601	46227 89408 96057
8	54 19374 34896	46498 23191 40768
9	54 44683 70161	46769 83299 68299

66

x	x^4	x^5	x	x^4	x^5
920	71 63929 60000	65908 15232 00000	**960**	84 93465 60000	81537 26976 00000
1	71 95127 94081	66267 12833 48601	1	85 28910 37441	81962 82869 80801
2	72 26428 07056	66627 66681 05632	2	85 64465 97136	82390 16264 44832
3	72 57830 21041	66989 77284 20843	3	86 00132 62161	82819 27714 61043
4	72 89334 58176	67353 45153 54624	4	86 35910 55616	83250 17776 13824
5	73 20941 40625	67718 70800 78125	5	86 71800 00625	83682 87006 03125
6	73 52650 90576	68085 54738 73376	6	87 07801 20336	84117 35962 44576
7	73 84463 30241	68453 97481 33407	7	87 43914 37921	84553 65204 69607
8	74 16378 81856	68823 99543 62368	8	87 80139 76576	84991 75293 25568
9	74 48397 67681	69195 61441 75649	9	88 16477 59521	85431 66789 75849
930	74 80520 10000	69568 83693 00000	**970**	88 52928 10000	85873 40257 00000
1	75 12746 31121	69943 66815 73651	1	88 89491 51281	86316 96258 93851
2	75 45076 53376	70320 11329 46432	2	89 26168 06656	86762 35360 69632
3	75 77510 99121	70698 17754 79893	3	89 62957 99441	87209 58128 56093
4	76 10049 90736	71077 86613 47424	4	89 99861 52976	87658 65129 98624
5	76 42693 50625	71459 18428 34375	5	90 36878 90625	88109 56933 59375
6	76 75442 01216	71842 13723 38176	6	90 74010 35776	88562 34109 17376
7	77 08295 64961	72226 73023 68457	7	91 11256 11841	89016 97227 68657
8	77 41254 64336	72612 96855 47168	8	91 48616 42256	89473 46861 26368
9	77 74319 21841	73000 85746 08699	9	91 86091 50481	89931 83583 20899
940	78 07489 60000	73390 40224 00000	**980**	92 23681 60000	90392 07968 00000
1	78 40766 01361	73781 60818 80701	1	92 61386 94321	90854 20591 28901
2	78 74148 68496	74174 48061 23232	2	92 99207 76976	91318 22029 90432
3	79 07637 84001	74569 02483 12943	3	93 37144 31521	91784 12861 85143
4	79 41233 70496	74965 24617 48224	4	93 75196 81536	92251 93666 31424
5	79 74936 50625	75363 14998 40625	5	94 13365 50625	92721 65023 65625
6	80 08746 47056	75762 74161 14976	6	94 51650 62416	93193 27515 42176
7	80 42663 82481	76164 02642 09507	7	94 90052 40561	93666 81724 33707
8	80 76688 79616	76567 00978 75968	8	95 28571 08736	94142 28234 31168
9	81 10821 61201	76971 69709 79749	9	95 67206 90641	94619 67630 43949
950	81 45062 50000	77378 09375 00000	**990**	96 05960 10000	95099 00499 00000
1	81 79411 68801	77786 20515 29751	1	96 44830 90561	95580 27427 45951
2	82 13869 40416	78196 03672 76032	2	96 83819 56096	96063 49004 47232
3	82 48435 87681	78607 59390 59993	3	97 22926 30401	96548 65819 88193
4	82 83111 33456	79020 88213 17024	4	97 62151 37296	97035 78464 72224
5	83 17896 00625	79435 90685 96875	5	98 01495 00625	97524 87531 21875
6	83 52790 12096	79852 67355 63776	6	98 40957 44256	98015 93612 78976
7	83 87793 90801	80271 18769 96557	7	98 80538 92081	98508 97304 04757
8	84 22907 59696	80691 45477 88768	8	99 20239 68016	99003 99200 79968
9	84 58131 41761	81113 48029 48799	9	99 60059 96001	99500 99900 04999
			1000	100 00000 00000	100000 00000 00000

x	$\mathfrak{Tg}\ x$	$\mathfrak{Sel}\ \chi$
$^3/_4\,\pi$	0,98219 33800 0724	0,18787 27342 3772
$^4/_4\,\pi$	0,99627 20762 2075	0,08626 67383 3405
$^5/_4\,\pi$	0,99922 38948 6064	0,03939 04544 7260
$^6/_4\,\pi$	0,99983 86139 8863	0,01796 51322 6475
$^7/_4\,\pi$	0,99996 64489 9980	0,00819 15123 6968
$^8/_4\,\pi$	0,99999 30253 3961	0,00373 48724 3864
$^9/_4\,\pi$	0,99999 85501 0655	0,00170 28754 5112
$^{10}/_4\,\pi$	96985 9659	0,00077 64062 9085
$^{11}/_4\,\pi$	99373 4438	0,00035 39932 7289
$^{12}/_4\,\pi$	99869 7518	0,00016 13990 3408

$$e^{\frac{\pi}{4}} = 2{,}19328\ 00507\ 38015\ 45655\ 977$$

$$e^{-\frac{\pi}{4}} = 0{,}45593\ 81277\ 65996\ 23676\ 592$$

$$e^{\frac{\pi}{2}} = 4{,}81047\ 73809\ 65351\ 65547\ 304$$

$$e^{-\frac{\pi}{2}} = 0{,}20787\ 95763\ 50761\ 90854\ 696$$